白云岩成因机理分析理论与技术

李祖兵　肖　尧　刘　均　刘永良　欧家强　著

科学出版社

北　京

内 容 简 介

本书以白云岩成因为研究背景，详细地介绍了塞卜哈白云石化、渗透回流白云石化、埋藏白云石化、热液白云石化、混合水白云石化、玄武岩淋滤白云石化及生物成因白云石化等多成因模式下的矿物岩石组构、岩石地球化学特征，并以四川盆地广安构造的石炭系和二叠系茅口组的白云岩成因为例，对白云岩特征及成因进行了分析。

本书可供从事碳酸盐岩储层地质勘探与开发的科研与管理人员阅读，也可作为相关院校师生教学参考用书。

图书在版编目(CIP)数据

白云岩成因机理分析理论与技术 / 李祖兵等著. —北京：科学出版社，2021.3

ISBN 978-7-03-067855-3

Ⅰ. ①白… Ⅱ. ①李… Ⅲ. ①四川盆地–白云岩–矿物成因–研究 Ⅳ. ①P588.24

中国版本图书馆 CIP 数据核字 (2020) 第 268937 号

责任编辑：韩卫军 / 责任校对：彭 映
责任印制：罗 科 / 封面设计：墨创文化

科学出版社 出版
北京东黄城根北街16号
邮政编码：100717
http://www.sciencep.com

成都锦瑞印刷有限责任公司 印刷
科学出版社发行 各地新华书店经销

*

2021 年 3 月第 一 版 开本：787×1092 1/16
2021 年 3 月第一次印刷 印张：7 3/4
字数：180 000
定价：96.00 元
(如有印装质量问题，我社负责调换)

前　言

　　白云石化作用是碳酸盐岩优质储层发育的必要条件，白云岩储层是现今四川盆地碳酸盐岩体系中最为重要的油气储层之一。白云岩储层不仅晶间孔发育，容易形成溶蚀孔隙，而且其活性相对较差，比灰岩更具抗压实性，随着深度的增加，其孔隙度损失要比灰岩少得多。因此，白云岩的空间展布区域直接决定着优质碳酸盐岩储层的分布范围。要预测白云岩的空间分布，需要探究其成因机理。然而，白云岩成因机理是碳酸盐岩研究中最为复杂、最难解决的问题之一。迄今为止，有关白云岩成因机理的研究主要通过综合层序地层学、岩石学、岩石地球化学及地球物理学等学科知识分析其形成环境及产物。尽管多学科的结合使得对白云岩成因机理的研究更加有效、准确，但白云石化作用受岩石组构、流体性质、温度及压力等物理化学条件因素的综合影响，其岩石学特征和岩石地球化学特征表现出多解性和不确定性。

　　尽管针对白云岩岩石学特征的研究已有 200 多年的历史，但白云岩储层特征及白云石化作用是碳酸盐岩储层成因研究中一个长期的课题。近年来，白云岩成因研究也在多个领域取得了丰硕的成果，如在常温下模拟海水(或潟湖)细菌硫酸盐还原环境沉淀出具有序反射的白云石、埋藏封闭环境中的白云岩成因研究等，这些研究成果为后续白云岩成因研究奠定了基础，目前已形成了多种成因机理及成因模式理论(如采用大量的白云石化模式来研究白云岩的交代成因、渗透回流模式、蒸发泵作用、热液白云石化等)，并成功指导了油田的油气勘探与生产。但目前很少有对白云岩成因研究理论和技术进行总结的书籍，多数著作是针对某一油田、某一地区或某一层位的白云岩储层成因进行分析研究的报告。为此，笔者便萌生了总结提炼一些关于白云岩成因研究理论与技术的想法。笔者通过近十年来对四川盆地石炭系、二叠系及飞仙关组白云岩储层的岩石学特征、岩石地球化学特征的研究，结合国内外专家学者对白云岩成因的研究进展，总结了不同成因白云岩的岩石学特征，岩石组构特征，碳氧同位素、流体包裹体等岩石地球化学特征，以供从事白云岩及白云岩储层研究的同行们参考。

　　本书共九章，第一章主要介绍白云岩、白云岩储层研究意义及白云岩成因模式研究的主要方法；第二章至第八章主要介绍各种白云岩成因机理及成因模式，包括塞卜哈白云石化模式、渗透回流白云石化模式、埋藏白云石化模式、热液白云石化模式、混合水白云石化模式、玄武岩淋滤白云石化模式以及生物成因白云石化模式等，并就每种成因模式的识别标志、岩石学特征、岩石地球化学特征、主控因素、分布特征等进行了分析。第九章以四川盆地广安构造石炭系及二叠系茅口组地层中的白云岩为例，依据白云岩的岩石学特征、岩石地球化学特征及储集空间特征讨论了该层段白云岩的成因机理。

　　本书由重庆科技学院李祖兵，中国石油天然气股份有限公司西南油气田分公司川中油气矿的肖尧、欧家强，中国石油天然气股份有限公司西南油气田分公司川西北气矿的刘均、刘永良等编写。本书在编写过程中得到了西南石油大学颜其彬教授、罗明高教授的精心指导，得到了西南油气田分公司川中油气矿、川东北气矿的领导及合作科室的支持与关心，以及重庆科技学院科研处的领导和石油与天然气工程学院同仁们的帮助。同时，也感谢研究生孙伟、叶永进、吴建强、张静雅对部分图件的整理。

目　　录

第一章　白云岩储层研究方法及进展 1

　第一节　白云岩储层研究的意义 1

　　一、白云石化作用在碳酸盐岩储层成因研究中的意义 1

　　二、白云岩油气藏的分布特征 1

　第二节　白云岩成因研究进展 4

　　一、Mg^{2+}来源 6

　　二、白云石化的流体动力学条件 7

　第三节　白云岩成因的主要分析方法 8

　　一、白云岩显微组构特征分析 8

　　二、地球化学特征分析 11

第二章　塞卜哈白云石化模式 16

　第一节　识别标志 16

　　一、岩石学标志 16

　　二、岩石地球化学标志 19

　　三、测井标志 24

　第二节　塞卜哈白云石化与储层关系 25

第三章　渗透回流白云石化模式 29

　第一节　识别标志 31

　　一、矿物岩石学标志 31

　　二、地球化学标志 33

　　三、测井标志 34

　第二节　渗透回流白云石化模式中晶粒的变化 34

　第三节　形成机制及主控因素 37

　第四节　渗透回流白云岩分布特征 37

　第五节　渗透回流白云岩成因实例 39

　第六节　渗透回流白云石化与储层关系 41

第四章　埋藏白云石化模式 44

　第一节　识别标志 44

第二节　岩石地球化学特征 50

　　一、微量元素 50

　　二、碳氧同位素 51

　　三、锶同位素 52

第三节　埋藏白云石化作用发生的主控因素 56

第四节　压实排挤流白云石化模式 56

第五节　以热(盐)水为主的混合(水)白云石化模式 58

第六节　埋藏白云石化与储层关系 59

第五章　热液白云石化模式 61

第一节　识别标志 61

　　一、矿物形态、岩石学标志 61

　　二、流体包裹体标志 69

　　三、地球物理标志 70

　　四、岩石地球化学标志 71

第二节　热液白云石化与储层关系 73

第六章　混合水白云石化模式 76

第一节　形成机理 76

第二节　岩石学特征 77

第七章　玄武岩淋滤白云石化模式 81

第八章　生物成因白云石化模式 85

第九章　白云岩成因研究实例 90

第一节　广安构造石炭系白云岩成因研究 90

　　一、地质概述 90

　　二、地层特征 91

　　三、岩石学特征 93

　　四、同位素特征 94

　　五、锶同位素特征 96

　　六、流体包裹体特征 97

第二节　广安构造二叠系茅口组白云岩成因 98

　　一、地质概况 98

　　二、岩石学特征 99

　　三、储集空间特征 100

　　四、物性特征 101

五、白云岩储层形成的物质基础 ……………………………………………101

六、白云岩的地化特征 …………………………………………………………102

七、断裂作用是目的层白云岩及白云岩储层形成的关键 ………………107

八、综合认识 ……………………………………………………………………108

参考文献 …………………………………………………………………………109

第一章 白云岩储层研究方法及进展

第一节 白云岩储层研究的意义

一、白云石化作用在碳酸盐岩储层成因研究中的意义

白云岩储层是碳酸盐岩重要的储层之一，白云石化作用（灰岩部分或全部被交代转化为白云石）是碳酸盐岩优质储层形成的重要控制因素之一。较灰岩储层而言，白云岩储层主要有如下特点。

（一）白云石晶间孔更发育

白云石化作用早就被认为是一种次生孔隙生成的重要原因，因为方解石转变为白云石的分子交代作用可使矿物体积缩小 12%～13%。但也有研究者认为，白云石的交代作用不是分子对分子的，而是体积对体积的，从而导致孔隙不变。

（二）白云岩较灰岩更具抗压实作用，原生孔隙更易保存

根据对方解石质量分数大于 75%的灰岩储层和白云石质量分数大于 75%的白云岩储层的孔隙度与埋深关系研究可知，当埋深较浅时，方解石的孔隙度比白云岩储层的孔隙度大；但随深度的增加，方解石与白云石的孔隙度会在一定深度达到相等；随着埋深继续增加，方解石的孔隙度急剧减小，而白云石的孔隙度变化不大，因此当埋深超过一定值后，白云石孔隙度较同深度的方解石孔隙度大。

（三）白云石更容易形成溶蚀孔隙

当温度为 55℃时，白云石溶解度和方解石相等，但当温度进一步升高，白云石的溶解度高于方解石。一般来说，白云石的溶解度与硫酸钙含量关系不大，而方解石的溶解度明显随硫酸钙含量升高而下降。因此，潮坪或潟湖环境中形成的常夹有石膏或硬石膏的海相白云岩，通常要比灰岩更易发生深埋溶蚀，形成更多的溶蚀孔洞，勘探实践也证实了这一观点。

二、白云岩油气藏的分布特征

根据美国C&C公司的勘探开发类比决策专家知识库系统提供的数据，本书研究发现，

全球白云岩油气田具有以下分布规律。

（一）白云岩油气藏主要分布在北美洲、亚洲和欧洲，以陆上油气田为主

全球白云岩油气田主要分布在北美洲、亚洲和欧洲，非洲和南美洲有少量分布。北美洲目前已发现 92 个白云岩油气田，占全球白云岩油气田总数的 67.15%，其所产油气当量为 375.51×10^{8}Bbl（1Bbl≈1.59×10^{2}dm^3），占全球已发现白云岩油气田产量的 88.10%；其次为欧洲，已发现 20 个白云岩油气田，占全球白云岩油气田总数的 14.60%，其所产油气当量为 29.72×10^{8}Bbl，占全球已发现白云岩油气田产量的 6.97%；亚洲已发现油气田数量和欧洲一样，为 20 个，其所产油气当量为 18.34×10^{8}Bbl，占全球已发现白云岩油气田产量的 4.31%；非洲及南美洲发现的白云岩油气田则较少，已发现白云岩油气田分别为 4 个和 1 个，非洲已发现白云岩油气当量为 2.06×10^{8}Bbl，占全球已发现白云岩油气田产量的 0.48%；南美洲已发现白云岩油气当量为 0.62×10^{8}Bbl，占全球已发现白云岩油气田产量的 0.14%。

截至 2010 年，全球已发现的白云岩油气田主要分布在陆上，有 126 个，以石油为主，部分产天然气和凝析气，其所产油气当量为 336.15×10^{8}Bbl，占全球已发现白云岩油气田产量的 78.91%；分布在海洋上的油气田有 9 个，也以石油为主，其所产油当量为 86.29×10^{8}Bbl，占全球已发现白云岩油气田产量的 20.26%，海陆过渡带上的白云岩油气田目前只发现 2 个，也以石油为主，占全球已发现白云岩油气田产量的 0.83%。

（二）白云岩油气田主要分布在缝合带边盆地内

白云岩油气田主要发育在缝合带边盆地内，已发现油气田 83 个，占全球已发现油气田总数的 60.58%；其次为在稳定的刚性岩石圈上，已发现油气田 29 个，占 21.17%，在缝合带上发育的盆地中已发现白云岩油气田 13 个；在与陆壳和陆壳俯冲带有关的褶皱带上已发现的白云岩油气田最少，只有 12 个，约占 8.76%。

（三）白云岩油气田主要发育在前陆盆地、盐构造、扭断裂和稳定克拉通内

据统计，前陆盆地和稳定克拉通内发现的白云岩油气田最多，前陆盆地已发现白云岩油气田 56 个，其油气当量为 303.44×10^{8}Bbl，占全球已发现白云岩油气田总油气当量的 71.15%；稳定克拉通内发现油气田数目虽然比较多，但其产量较低，其油气当量为 25.25×10^{8}Bbl，占全球已发现白云岩油气田总油气当量的 5.93%；与盐构造相关的白云岩油气田数目虽然不多，仅有 6 个，但其属于典型的"少而肥"的油气田，其油气当量为 30.75×10^{8}Bbl，占全球已发现白云岩油气田总油气当量的 7.22%；压扭性断裂对白云岩油气田的存在也具有重要意义，已发现油气田 7 个，油气当量为 29.19×10^{8}Bbl，占全球已发现白云岩油气田总油气当量的 6.85%；与基底相关的逆冲断裂和基性盐白云岩油气田有 9 个，其油气当量累计为 17.56×10^{8}Bbl，占全球已发现白云岩油气田总油气当量的 4.12%；

被动陆缘和具有倒转性质的断裂内发现的油气田最少，其油气产量也较低。

（四）白云岩油气田主要分布在低能碳酸盐岩泥沉积环境、前缘斜坡盆地和深水盆地环境及高能碳酸盐岩碎屑砂环境内

在低能碳酸盐岩泥沉积环境内已发现白云岩油气田 78 个，其所产油气当量为 $248.74×10^8$Bbl，占全球已发现白云岩油气田产量的 58.36%，尤其在塞卜哈白云石化模式的潮坪环境中，发现的白云岩油气田数目最多，达到 36 个，其所产油气当量为 $165.59×10^8$Bbl，由此反映出白云岩油气田的分布与白云岩的形成环境密切相关。塞卜哈白云石化模式的潮坪环境有利于渗透回流白云石化作用和蒸发泵白云石化作用的发生，因此形成了良好的油气储层，在合适的石油地质条件下形成了油气田。

有利于形成白云岩油气田的是前缘斜坡盆地和深水盆地环境内发育的碎屑流和浊流沉积，其经历了搬运作用，沉积在稳定的深水环境中，保持着高孔高渗的特性；再经历后期埋藏白云石化作用，有利于储集空间的保存。已发现的该类油气田数目较少，只有 9 个，但其所产油气当量很大，达 $109.76×10^8$Bbl。

高能碳酸盐岩碎屑砂环境内的白云岩油气田所产油气当量占全球已发现白云岩油气田产量的 10.48%；在高能碳酸盐岩碎屑砂环境内发现的油气田（包括碎屑岩和碳酸盐岩）数目较多，已发现 29 个，但规模普遍较小，其所产油气当量为 $44.69×10^8$Bbl。在此类环境中，原始的粗粒碳酸盐碎屑沉积后，经历埋藏溶蚀及部分渗透回流白云石化作用，可以提供大量的储集空间；在与生物建造有关的沉积环境内，白云岩油气田不发育，其所产油气当量为 $17.81×10^8$Bbl，占全球已发现白云岩油气田产量的 4.18%。在以往的碳酸盐岩油气勘探中，我们往往认为台地边缘如果发育礁滩复合体，加上白云石化作用的发生，可以改善储层的质量，更有利于形成好的白云岩油气藏。但通过此次统计分析，我们认识到在这样的环境内，如果没有后期的溶蚀作用，往往很难发生白云石化作用。而且，即使后期发生了白云石化作用，有可能也是属于胶结白云石化作用，会降低储层质量。

将不同沉积环境下原油产量与天然气及凝析气产量进行对比，本书发现在塞卜哈潮坪环境中更容易发现白云岩油气田，而在前缘斜坡盆地和深水盆地环境中以白云岩气田为主，高能碳酸盐碎屑砂环境和生物建造环境中以凝析气田为主。这为我们在不同沉积环境下开发不同类型白云岩油气田提供了很好的参考和指导作用。

此外，低能的潮坪潟湖沉积和前缘斜坡深水盆地的碎屑流及浊流环境最易形成白云岩油气藏。在这两种沉积环境中，除了与白云石化作用发生的条件密切相关，其周围更容易形成很好的盖层。在塞卜哈潮坪环境中，上下的膏盐层可以对油气运移聚集起到很好的封盖作用，而深水盆地的浊积岩或碎屑流沉积就更容易形成"泥包砂"的模式。在一个孔渗较低的介质中出现高孔渗的浊积岩或碎屑流沉积，一方面指示近油源，因为油气更容易聚集，同时其周围的低孔渗介质又可以使油气很好地保存起来。

（五）全球白云岩油气田主要分布于白垩系和二叠系

白垩系中累计发现白云岩油气田所产油气当量为 $113.03×10^8Bbl$，占全球已发现白云岩油气田产量的 26.52%；二叠系中累计发现白云岩油气田所产油气当量为 $202.66×10^8Bbl$，占全球已发现白云岩油气田产量的 47.55%；石炭系中累计发现白云岩油气田所产油气当量为 $34.94×10^8Bbl$，占全球已发现白云岩油气田产量的 8.20%；其中石油产量主要来自上白垩统和上二叠统，天然气产量主要来自上侏罗统和下二叠统，凝析气产量主要来自上三叠统—上侏罗统和上泥盆统。

值得注意的是，在下古生界的上奥陶统和元古宇的新元古界沉积的古老地层中也发现了约占全球白云岩油气田产量 6.72% 的累计油气当量，展示了白云岩油气田良好的勘探潜力。从各个时代地层中发现的白云岩油气田数量来看：二叠系发现最多，已发现 27 个，其油气产量也居首位；其次为泥盆系，已发现 26 个，但其油气产量不高；石炭系中已发现白云岩油气田 24 个，其油气产量比泥盆系高；白垩系中已发现白云岩油气田 12 个，但其油气产量却占了全球白云岩油气田产量的四分之一强，因此在这一地层中容易发现大型的白云岩油气田。

第二节　白云岩成因研究进展

白云岩成因研究已有近 200 年的历史，白云岩的形成机理是碳酸盐岩岩石学中最复杂、争论时间最久且最难解决的问题之一。

Friedman 和 Radke(1979)在研究现代热带地区潮上带表层碳酸钙沉积物的粒间准同生白云石化作用时，首先提出了"毛细管浓缩作用"。随着对现代和古代沉积物中白云石化作用研究的不断深入，加之先进测试仪器的应用及测试精度的提高，众多学者不仅可以在显微镜下观察，更重要的是可以通过多种测试数据，从整块白云岩到单个白云石晶体、从岩石学特征到地球化学特征、从定性到定量，对白云岩的形成机理进行系统的研究。沉积学家及石油地质学家们利用野外与实验室相结合的手段提出了多种白云石化机理，如蒸发泵模式、地形补给模式、构造驱动压实流模式、埋藏压实及页岩失水模式、混合水模式、区域渗透回流模式、（自由）热对流循环模式及生物成因白云石化模式等。

值得注意的是，判断白云岩成因模式有 3 个标准：①热力学（浓度）；②动力学（溶解-沉积动态平衡）；③水文学（长时间孔隙水流动，尤其是富含 Mg^{2+}，除通过扩散作用提供 Mg^{2+} 的情况）。在白云岩成因研究中，学者们普遍将一种白云岩成因机理解释当作一种成因模式。

对于白云岩成因模式，人们有两种观点，即原生白云石和次生白云石。原生白云石的例子较少，且其形成多与生物活动有关，这类白云石的存在不具有普遍意义。人们普遍认为白云石是次生交代作用形成的，即发生白云石化作用而形成的。方解石（或文石）的白云石化过程具有一定的特殊性，需要满足一定的温度、离子浓度和流体动力学条件等才能够进行。

对于原生或次生白云石的形成，可以通过 3 个化学反应式来表示：

$$Ca^{2+} + Mg^{2+} + 2CO_3^{2-} \Longrightarrow CaMg(CO_3)_2 \qquad (1-1)$$

$$CaCO_3 + Mg^{2+} + CO_3^{2-} \Longrightarrow CaMg(CO_3)_2 \qquad (1-2)$$

$$2CaCO_3 + Mg^{2+} \Longrightarrow CaMg(CO_3)_2 + Ca^{2+} \qquad (1-3)$$

式(1-1)代表的是离子在溶液中直接结合生成白云石，形成原生白云石。澳大利亚考龙潟湖中的白色白云石沉淀与美国加州深泉盐湖底部的白云石，被认为是原生白云石沉淀的典型代表，而冯增昭(1998)认为这类白云石更可能为次生白云石。黄思静等(2003)在对四川盆地东北部三叠系白云岩进行的研究中提出了相对开放和封闭两个白云石化体系，将式(1-2)和式(1-3)分别作为开放体系和封闭体系下的白云石化反应，他认为式(1-2)是在近地表开放环境下，大气中的 CO_2 溶于水提供 CO_3^{2-}，与溶液中的 Mg^{2+} 共同结合成 $CaMg(CO_3)_2$ 分子生成白云石，在这个反应过程中没有离子的交换。按照此反应，可认为其为原生白云石的生成反应，但该反应主要发生在准同生成岩阶段，很难确定 Mg^{2+} 是与 $CaCO_3$ 结合还是替换了 $CaCO_3$ 中的 CO_3^{2-}。式(1-3)主要体现了次生交代特点，即白云石化反应。Mg^{2+} 取代了方解石或文石中的 Ca^{2+} 从而形成了白云石，反应是在固体 $CaCO_3$ 和富含 Mg^{2+} 的溶液中进行的，伴随着反应进行，有离子的带入与带出。试验条件下，该反应要求温度不低于 $60℃$，当 $[Mg^{2+}] / [Ca^{2+}] \geqslant 5.2$ 时，反应才会向右进行。图 1-1 为白云石、方解石转化相图，当温度和压力满足白云石化反应时，富 Mg^{2+} 的流体流经碳酸钙地层，假定温度、压力和 CO_3^{2-} 浓度不变，当 $[Mg^{2+}] / [Ca^{2+}] \geqslant 5.2$ 时就会发生白云石化反应，当 $[Mg^{2+}] / [Ca^{2+}] < 5.2$ 时就会发生去白云石化反应，当 Mg^{2+} 和 Ca^{2+} 浓度都很高时，白云石和方解石就会同时存在。

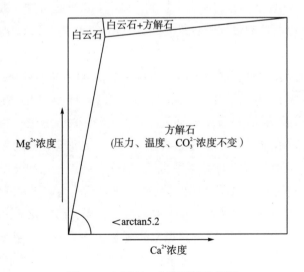

图 1-1　白云石、方解石转化相图

一、Mg^{2+}来源

根据图 1-1 可知，白云石化作用需要满足 $[Mg^{2+}]/[Ca^{2+}] \geqslant 5.2$，而且该作用需要有大量的 Mg^{2+} 置换 Ca^{2+}。Mg^{2+} 的来源主要有 3 个途径，即成岩流体来源、岩浆岩及其他固体矿物来源和生物来源。

（一）成岩流体来源

成岩流体是指处于固结成岩阶段的沉积物或其他地质体孔隙中的流体。碳酸盐岩主要形成于海相，少量形成于咸化的湖相。海水或咸化的湖水携带大量的 Mg^{2+} 渗透到灰岩地层中，可为方解石发生白云石化提供充足的离子来源。塞卜哈模式、渗透回流模式以及海水混合模式都是通过海水的补给提供 Mg^{2+}。从流体动力学方面讲，在海进和海退的过程中，可以满足海水作为成岩流体渗透到碳酸钙地层当中，所以海水来源的观点得到了广泛的认同。湖水蒸发同样也可以形成白云石化进程所需高盐度卤水流体，廖静和董兆雄（2008）在对渤海湾盆地歧口凹陷古近系沙河街组一段下亚段白云岩进行研究后认为，该地区的颗粒白云岩和泥晶白云岩由湖相蒸发高盐度卤水渗透回流形成，并且有序度比较低。湖相蒸发环境中形成的白云岩分布范围主要受湖相的控制，而有序度低可能是 Mg^{2+} 不充足造成的。湖相形成的白云岩一般表现为富钙，且 $\delta^{18}O$ 基本稳定于-8‰～-4‰。

（二）岩浆岩及其他固体矿物来源

所谓岩浆岩来源，是指富含 Mg^{2+} 的岩浆岩矿物自身转化或通过流体淋滤溶蚀作用提供 Mg^{2+}。俄罗斯学者沃里沃夫斯基等在对世界一些大型油气盆地进行研究后认为，当地幔上隆时，一些超基性（橄榄岩）岩浆会上拱到中地壳，在此过程中，橄榄石会发生蛇纹石化反应。在橄榄石蛇纹石化的过程中会释放大量的 Mg^{2+}，可为白云石化作用发生提供 Mg^{2+} 来源。此化学过程可由橄榄石水化作用 $[2Mg_2SiO_4+3H_2O \rightarrow Mg_3Si_2O_5(OH)_4+Mg(OH)_2]$ 和橄榄石碳酸盐化作用 $[2Mg_2SiO_4+2H_2O+CO_2 \rightarrow Mg_3Si_2O_5(OH)_4+MgCO_3]$ 表示。蒙脱石和伊蒙混层黏土矿物向伊利石矿物的一系列转变也会释放出大量的 Mg^{2+}。滇东—川西下二叠统发育了一套较特殊的白云岩，经研究发现，该地区白云岩的分布受巨厚的上二叠统峨眉山玄武岩分布控制，而且白云岩中富含铁，因此认为富含铁镁的玄武岩经淡水淋滤后会释放大量 Mg^{2+}，从而使下伏的灰岩发生白云石化作用。党志和侯瑛（1995）对福建明溪大洋寨和辽宁宽甸黄椅山玄武岩的岩-水溶解作用研究后认为，玄武岩中 Mg^{2+} 的质量分数为 6.83%～12.30%，且无论是在酸性环境或是碱性环境中，都有 Mg^{2+} 析出。由固体矿物提供 Mg^{2+} 形成的白云岩在分布上一般会受富 Mg^{2+} 矿物分布的影响。另外，此类白云岩在矿物成分上会留有 Mg^{2+} 源头矿物的地球化学特征，如滇东—川西下二叠统富铁白云岩。

(三)生物来源

一些动植物在自身的新陈代谢或生长过程中可以富集 Mg^{2+}，这些生物的躯体伴随着碳酸钙一起沉积下来，在埋藏的过程中释放 Mg^{2+}，使碳酸钙发生白云石化。一般由生物提供 Mg^{2+} 来源的白云岩会保留有生物的躯体化石或遗迹。雷怀彦和朱莲芳(1992)在对四川盆地震旦系白云岩进行研究后认为，蓝绿藻的生化作用、捕获和黏结作用为该地区白云石化作用提供了部分 Mg^{2+}。四川盆地及其周缘下二叠统细晶、粗晶白云岩的 Mg^{2+} 来源也被认为与生物有关，该地层中有大量富含高镁方解石的生物(如红藻、棘皮类等)，研究者认为这些生物躯体在埋藏分解的过程中为白云石化提供了部分 Mg^{2+}。

二、白云石化的流体动力学条件

除 Mg^{2+} 来源，白云石化作用的另一个关键条件就是流体动力学因素。卤水流体是在什么样的驱动力条件下经过碳酸钙地层的？这个问题一直存在着争议。根据不同的成岩环境，白云石化有 3 种流体动力学模式(图 1-2)。

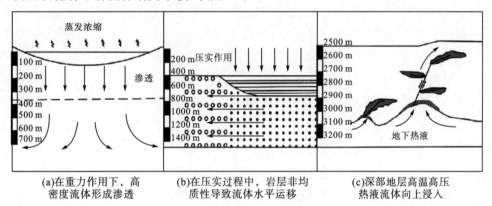

图 1-2　白云石化流体动力学模式

成岩流体在重力的作用下，自身势能的改变促使其流经碳酸钙地层。高盐度流体的密度较大，在重力的作用下可以通过岩石孔隙向下渗透到更深的地层中，如图 1-2(a)所示。Hsü 和 Siegenthaler(1969)对波斯湾地区准同生白云岩的成因研究(塞卜哈模式)表明，深部岩层所含成岩流体的温度会高于浅层水的温度，白云石化的流体动力学机制可用这种模式来解释。明海会等(2005)在对黄骅拗陷峰峰组-马家沟组白云岩成因进行研究后提出，由于冷热水密度的差异，静压力的作用也会引起对流。这种冷热水的对流也可以用图 1-2(a)所示模式进行表示。

由于岩层的非均质性(粒径、抗压能力等)，在上覆沉积物的压实作用下，岩层中的孔隙水在压实作用下更容易排挤到周围的地层当中，形成横向的流动，如图 1-2(b)所示。对于塔里木盆地下古生界碳酸盐岩，同期沉积的鲕滩与非鲕滩的地层存在差异，在埋藏过程中会产生横向的压力梯度，这种压力梯度导致细粒碳酸盐沉积物和泥质沉积物中富含

Mg^{2+}的残余海水向压力低的方向做侧向或垂向上的流动，从而发生白云石化作用。

由于深部流体上涌或热能、岩浆活动以及底辟构造等，压力较大、温度较高的流体渗透到上覆地层当中或沿断层向上运移，如图 1-2(c)所示。这种流体动力学模式多被用于对白云岩的热液成因过程的解释。Davies 和 Smith(2006)通过对北美等地构造热液成因白云石化进行研究，发现该地区热液白云岩的分布受控于扭张和/或走滑(扭)断层，流体集中在扭张和膨胀的构造部位，并沿构造断裂运移。

第三节　白云岩成因的主要分析方法

一、白云岩显微组构特征分析

通过对白云岩的野外产状及宏观岩石学特征进行分析表明，白云岩与上下石灰岩地层呈渐变或突变接触，有时顶部或底部过渡为斑块状白云岩。大多数白云岩岩层中保留有未被交代彻底的原石灰岩的团块及透镜状或不规则层状残余体。这些特征进一步说明白云岩是交代成因的。

Friedman(1965)提出依据白云石的结构特征对其进行分类，后来 Gregg 和 Sibley(1984)修改了分类系统，根据白云石晶体的边界和晶粒大小对白云石结构进行分类。晶体边界形状可划分为平坦状和非平坦状。平坦状白云石的特点是在晶面结合处具平直的协和界面。非平坦状白云石晶面的特点是呈弯曲、舌状、锯齿状或其他不规则状，并且很少保存晶面节点。晶体经历多晶面生长后，在早期成岩作用阶段和某种情况下在埋藏环境中温度升高形成平坦状白云石晶体。如果晶体经历的不是多晶面生长，则形成非平坦状界面。一般情况下，非平坦状界面出现在较高温度(大于 50℃)情况下，且一般很少存在于超盐度的埋藏环境中。平坦状和非平坦状白云石可以以胶结物、方解石的交代物以及白云石重结晶产出。白云石的结构大致有以下类型，其特征如下所述。

(一)泥—微晶白云石

泥—微晶白云石晶体十分细小，直径为 0.003~0.03mm，一般为泥晶级至微晶级。在扫描电镜下可见其晶体呈 S 形或 A 形，部分镶嵌，晶间含有少量黏土矿物，晶间微孔较发育。阴极射线下不发光，或者发光昏暗，说明这种白云石不含或含少量 Mn^{2+}。据电子探针分析，泥晶白云石中 CaO 的含量较高，摩尔分数为 34.543%，MgO 摩尔分数为 17.724%，有序度较低，属于低有序度的富钙白云石，表明白云石化作用不彻底。

泥晶白云石主要以胶结物形式交代颗粒并以孔隙衬里式充填。微晶白云石主要构成微晶白云石，成层性较好，横向分布较稳定，水平层理发育，主要形成于潮坪环境。在显微镜下可见到主要由泥—微晶白云石组成的粒屑白云岩颗粒。据此可以推测，这种白云石的形成时间很早，多数为准同生白云石化作用的产物，并且与沉积环境密切相关。

(二)粉晶白云石

粉晶白云石晶径一般为 0.03～0.10mm，具 E 形-S 形粒状镶嵌结构，多数晶体表面比较混浊，少数较明亮。铸体薄片和扫描电镜下均可见白云石岩间孔。据 X 射线衍射分析，该类白云石的 $CaCO_3$ 摩尔分数为 50.6%，有序度为 0.82～1.00。阴极射线下粉晶白云石多数发强弱不等的暗红光，可见白云石具雾心亮边构造。在部分岩石中，白云石晶体的亮边在显微镜下显得宽而明亮，表明白云石形成过程中经受了相当规模的次生加大作用，有时具有小的有孔虫、棘屑、腹足屑、介形虫等的假象及幻影构造。晶间孔隙处发育的白云石晶体自形最好，亮边最发育，生物骨壳及粉屑、球粒等的幻影较常见。

(三)细晶白云石

细晶白云石晶体粒径分布范围较宽，一般为 0.10～0.25mm，经常混杂有小于 0.10mm 的粉晶级晶粒。在铸体薄片和扫描电镜下，细晶白云石主要由 A 形和 S 形晶粒组成粒状镶嵌结构。晶体在偏光显微镜下通常表现为不太洁净，显褐黄色，有的具颗粒残余或幻影结构。晶间多呈直线形和凹凸形接触，在阴极射线下通常发均一的暗红色，少数发玫瑰红色光。邻近晶间孔隙发育处的白云石晶体常发育为环带构造。据 X 射线衍射分析，细晶白云石中的 $CaCO_3$ 含量接近白云石化学计量，摩尔分数为 50.00%，有序度很高，为 0.81～0.99。这种白云石是构成细晶白云石和残余颗粒白云石的主要组分。

(四)中—粗晶白云石

这类白云石以晶体粗大为特征，粒径为 0.25～2.00mm。在显微镜下，晶体多数比较洁净明亮，少数呈混浊状。在扫描电镜下以 S 形和 A 形白云石为主，晶体间多为凹凸形和直线形接触。少数白云石中还发育聚晶菱面体及压力影等特殊构造。据 X 射线衍射分析，中—粗晶白云石的 $CaCO_3$ 摩尔分数为 50%左右，有序度很高，为 0.83～1.00；阴极射线下一般发均一暗红色和玫瑰红色光。中—粗晶白云石分布较广，可以单独组成原生结构完全消失的中—粗晶白云石，也可以呈充填物形式产于白云石的大型缝洞内，主要是埋藏环境中重结晶作用的产物。

(五)雾心亮边白云石

E 形-S 形白云石在显微镜下以其晶体具有云雾状的核心和洁净明亮的边缘为特征，以细晶级到中晶级为主，部分为粉晶级。雾心亮边构造是砂糖状白云石中最普遍、最常见的交代组构之一。根据电子探针成分分析，白云石的雾心与亮边在某些微量元素的含量上存在一定差异，雾心中 Na_2O、SrO、BaO 的含量一般较亮边的高，而 MnO、FeO 的含量低于亮边。有时还缺失其中一些元素。这一规律显示了随白云石化作用时间的不同，其富镁孔隙水中微量元素的组成也发生了微量变化。发光性也不同，阴极射线下雾心边多数不发光，或者发昏暗光，亮边发暗红光或亮黄光。有些白云石晶体的亮边是由白云岩后期的次生加大胶结或沉淀作用形成的。

当白云石交代方解石时，一方面表现为 Mg^{2+} 与 Ca^{2+} 的置换作用，另一方面表现为白云石晶体的逐渐增长。因为白云石化作用初始进行过程总是围绕分散且众多的成核中心以较快的速度进行。围绕成核中心，白云石晶体将迅速置换增长，碳酸钙沉积物中的杂质如泥质、有机质、铁质等来不及被排出晶体，只好作为包裹物质残留于晶体内部，致使晶体显示褐黄色、半透明和不洁净。随白云石化作用进行，污浊白云石将继续交代增长。由于流体流动速度因白云石形成而减慢，白云石的交代速度也逐渐变慢，在这种情况下，杂质比较容易被排出，因而在污浊白云石的外缘形成无色透明的亮边。

对雾心亮边白云石的成因和形成环境，目前尚有不同的看法。根据镜下观察，这种白云石具有多种不同的成因，既有交代成因的，也有从地层水中沉淀生成的，还有复合成因的，即通过交代基质形成白云石雾心，随后次生加大形成白云石亮边。雾心亮边白云石的晶体结构、地球化学以及产状特征，至少可以说明它们形成于条件多变的成岩环境中，推测主要形成于混合水和埋藏成岩环境中。

(六)环带白云石

环带白云石在显微镜下和扫描电镜下通常显示出洁净明亮带与云雾状脏带间互的环带特征，为 S 形和 E 形白云石，以细晶—中晶结构为主，部分为粗晶。在阴极射线下，可见它们由不同发光特征的环带所组成，一般发育 2~4 个环带，脏带一般不发光或者发光昏暗，洁净明亮带发暗红光—亮红光或者橙黄光。环带结构也是交代白云石中常见的一种特征组构。通过研究发现，交代白云石中，并不是所有白云石都发育环带构造，只有那些白云石中较大的晶间孔隙、溶蚀孔隙、溶蚀缝及裂隙中靠孔隙壁或裂缝壁一侧的白云石，因面向孔、缝有增生的空间，可以通过白云石的次生加大作用形成环带结构。具环带结构的白云石一般都呈良好的自形晶体。尤其在溶孔、溶缝和较大裂缝中充填的白云石不仅自形程度好，而且环带较多。白云石环带的形成是由于孔隙水成分发生某些变化，如 Mg/Ca 及其他微量元素在白云石生长过程中发生了变化，或者由结晶速度发生了间断变化引起的。有时在环带次生增长的不同阶段，孔隙水中有 Fe^{2+}、有机质或其他杂质进入。这些物质不能进入方解石或白云石矿物的晶格结构中，只能作为机械混入物包裹于晶格之间，形成有色或暗色环带。次生加大的白云石则在其外形成次生加大边，这样也可以形成环带结构。环带白云石分布有限，主要发育于白云石的次生孔缝内，常与雾心亮边白云石伴生，推测主要形成于埋藏成岩环境中。

(七)异形白云石

异形白云石一般见于溶孔、晶间溶孔、晶间孔及溶缝中，作为充填胶结物产出，也有呈组构或非组构交代物形式出现。白云石晶体一般比较粗大，常具阶步形晶型，粒径为 0.20～1.00mm，具波状消光，常发育环带结构。在阴极射线下，异形白云石一般发橘红色—暗红色光。充填于孔、缝的异形白云石因常具环带结构，从晶体边缘至核心呈深浅不同的橘红色—暗红色环带状发光，其发光环带的变化反映了异形白云石微量元素的变化。一般认为异形白云石的形成与地下流体或深埋藏成岩环境有关。

二、地球化学特征分析

(一)流体包裹体特征

包含在矿物晶体中的流体包裹体因处于相对封闭的地质环境，较好地保存了古流体的温度、压力、成分、盐度、pH、Eh、生物标志化合物和稳定同位素组成等信息，并以其独特优势得到了极为广泛的研究与应用。其中，油气包裹体记录了油气生成及运聚成藏过程中的多种地质和地球化学信息，在盆地构造演化史、热史和古流体压力的恢复，油气成藏期次与油气源探讨，油气次生演化研究等方面发挥了不可替代的重要作用，有效地指导了油气勘探。

(二)白云石有序度

白云石有序度是利用 X 射线衍射分析法测定的。矿物的有序度是判断其结晶程度的一个重要标志，也是矿物形成的物理、化学环境的反映。在对白云石化作用进行的研究中，把白云石的有序度作为判别其形成(成岩)环境的依据之一，并认为同生成岩环境中形成的白云石具有低的有序度，随着埋深的增加，一般粒径也增大，白云石的有序度也相应增加。但在表生成岩环境中形成的白云石也可以具有较高的有序度。

理想白云石的晶体结构是 $CaCO_3$ 层和 $MgCO_3$ 层严格按照互层排列，其晶体结构完全有序，有序度为 1，其化学组分理想中的 Mg/Ca(摩尔比)为 1：1。自然界产出的白云石常由于晶格中 Ca^{2+} 和 Mg^{2+} 的部分随机排列，或晶格中含有过量的 Ca^{2+}(朱井泉，1994；Morrow，2001)，其有序度介于 0～1，且 Ca 和 Mg 的摩尔分数不同，Ca 的摩尔分数介于 50%～56%，Mg 的摩尔分数介于 44%～50%。通过对天然白云石有序度进行分析，不但可以了解其与理想白云石的接近程度，而且可以间接了解其生长(交代)速率和形成方式，反映不同成岩阶段的白云石特征。

(三)碳氧同位素特征

沉积作用形成的海相碳酸盐岩，主要由文石、镁方解石及低镁方解石组成，它们与海水基本上处于平衡状态。但是在近地表成岩环境中，如潮坪沉积和堡岛地区，间歇性地受到大气水的影响(潮湿气候)，或者受强烈的蒸发作用影响(干燥气候)，孔隙水成分改变或蒸发作用都会造成沉积物和胶结物的碳氧同位素成分发生变化。因此，在近地表成岩环境中，海水潜流胶结物的碳氧同位素与碳酸盐沉积物近似，在某种程度上可反映海水特征。大气淡水渗流带和大气淡水潜流带胶结物的碳氧同位素偏负，在某种程度上反映大气淡水的特征。在埋藏成岩环境中形成的胶结物，由于孔隙水是由地层水组成，由开放环境变成封闭条件，成岩温度、压力发生变化，碳氧同位素将发生变化。

总之，碳酸盐沉积物在成岩作用过程中，孔隙水组成发生变化，由开放状态逐渐进入半封闭和封闭状态，温度低到一定程度，碳酸盐岩沉积物中的欠稳定矿物(文石、镁方解石、原白云石)将发生转变、重结晶交代，以及胶结物的沉淀。这一切都会使原始沉积物的碳氧同位素组分发生变化。同位素的这些变化反过来可以作为识别成岩环境的标志，一些学者对这种变化做过总结，概括出了碳氧稳定同位素成分变化与碳酸盐岩成岩作用的关系(图 1-3)。

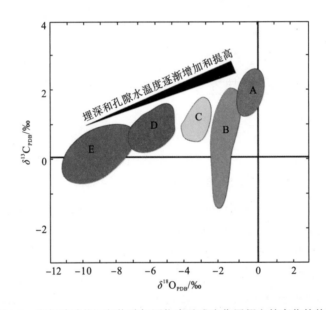

图 1-3   海相碳酸盐沉积物碳氧同位素随成岩作用假定的变化趋势图

注：海相碳酸盐沉积物(A)首先在大气水环境中发生成岩作用(B)，然后在混合带沉淀叶片状胶结物(C)，最后在深埋藏环境中发生粗粒方解石(D)和鞍形白云石(E)的沉淀。从 B 到 E 的一系列胶结物是从越来越热的水中沉淀的。虽然这个总的发展趋势是假定的，但已从许多古代碳酸盐岩(灰岩和白云岩)中观察到

目前，碳氧稳定同位素分析方法及理论已广泛应用于碳酸盐岩岩石学、岩相古地理和储层地质学、古岩溶储层地质学方面的研究(郑荣才 等，1997；李定龙，2001；刘小平 等，2004；张涛 等，2005；钱一雄 等，2005；宋来明 等，2005)，主要利用碳氧同位素值的组成和变化规律来研究沉积和成岩环境。碳氧同位素地球化学在白云岩研究中尚存在较大难点，即分馏效应。多年来，国外学者一直在争论白云岩的分馏效应问题。Land(1980)研究指出，白云石最初通常是一个准稳定相(原生白云石)，但随着埋藏和成岩作用的发生与持续，白云石对重结晶作用和其后的同位素再平衡非常敏感。Reeder(1981，1983)指出

白云石中复杂的矿物学问题的存在，不仅会影响白云石的最终稳定性，而且会影响它们的同位素成分。由于白云石最初的准稳定性，其同位素成分会更好地反映重结晶作用或交代作用时成岩流体的地球化学特征。因此，可利用白云岩中的碳氧同位素的地球化学特征分析各种成因的白云岩在白云石化过程中的成岩流体性质和古水文条件。

（四）锶同位素特征

在地质历史中，海水中的锶同位素组成与时间之间存在一定的函数关系，其随时间的变化主要受两种来源的锶的控制：①发生化学风化作用的大陆古老的硅铝质岩通过河流向海水提供相对富放射性成因的锶，具有较高的 $^{87}Sr/^{86}Sr$，全球平均值为 0.7119（Palmer et al.，1989）；②洋中脊热液系统向海水提供相对贫放射性成因的锶，具较低的 $^{87}Sr/^{86}Sr$，全球平均值为 0.7035（Palmer and Edmond，1989）；现代海水的锶同位素比值便是这两种来源锶平衡的结果，其平均值为 0.709073±0.000003（Denison et al.，1994）。基于上述原理，当海相碳酸盐岩沉积物形成的时候，它们从海水或成岩流体中获取锶，并没有发生锶同位素的分馏作用（Graustein，1989），因而保存着其形成时的 $^{87}Sr/^{86}Sr$，为研究古代碳酸盐岩成岩流体性质提供了可靠的记录。

通过调研可以发现，近期国内外公布的众多有关白云岩成因研究的资料（Duggan，2001；黄思静 等，2003；Green and Mountjoy，2005；高梅生 等，2007）都突出地强调了锶同位素地球化学特征在白云岩成因中的重要性。例如，Müller 等（1990）对波斯湾阿布扎比塞卜哈碳酸盐沉积物进行系统取样并分析锶同位素的分布特征（图 1-4），结果表明在无陆源物质或幔源物质供给的情况下，淡水或卤水是导致相应位置碳酸盐沉积物 $^{87}Sr/^{86}Sr$ 变化的根本原因。因此，仅就白云石中的 $^{87}Sr/^{86}Sr$ 而言，与其相应位置的地层水或海水的 $^{87}Sr/^{86}Sr$ 之间的关系已成为探索白云石化流体性质、来源及其相关白云岩成因的重要线索。

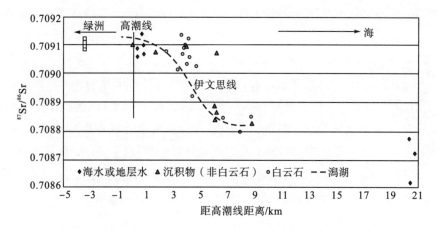

图 1-4　阿布扎比海岸碳酸盐沉积物随位置变化的锶同位素趋势图（据 Müller et al.，1990）

（五）微量元素特征

微量元素资料已在大地构造学、地层学、古生物学、矿床学、环境地质学和油气储层地质学等方面得到了广泛应用，如在碳酸盐岩岩石结构组分（鲕粒、砂屑、生物等）和成岩组分（胶结物和交代物）的成因解释上。微量元素中的 Fe、Mn、Sr 等比主要元素中的 Ca、Mg 更能反映方解石和白云石成因方面的问题。在文石转变为方解石，镁方解石转变为方解石，白云石化作用和去白云石化作用等成岩过程中，微量元素会在孔隙水和方解石、白云石、文石之间（水-岩间）重新分配。微量元素的这种再分配与相应的成岩作用之间有一定的关系。就成岩作用过程中方解石与水体系而言，这一分配关系可以表达为：在一定温度和压力下，微量元素在固相和液相中的浓度比与钙在固相和液相中的浓度比的比值为一常数（强子同，2007）。基于微量元素在碳酸盐岩成岩过程中的变化特征，可以利用微量元素在白云石化过程中水岩反应条件下的迁移富集特征来探讨白云岩形成的流体性质和古水文条件。

（六）稀土元素特征

在碳酸盐岩沉积作用和沉积后的成岩变化中，流体介质要发生巨大的变化，这些流体介质性质的变化对碳酸盐岩沉积物的改造、胶结物和交代物的形成、孔隙的形成及其演化有着至关重要的作用。孔隙流体介质性质对稀土元素（rare earth element, REE）也有重要的影响。对碳酸盐岩成岩作用过程中的海水、大气水、地下水或深部热流体的稀土元素含量及其稀土元素配分模式等地球化学特征的研究对讨论碳酸盐岩成因和碳酸盐岩储层孔隙演化探索具有重要的意义（强子同，2007）。

目前，国内外学者已把对稀土元素分析的成果应用到碳酸盐岩石学和储层地质学的研究领域中，特别是对白云岩成因研究的领域中。国内外利用稀土元素研究白云岩成因均处于起步阶段，相关文献很少（Dorobek and Filby，1983；Banner et al.，1988；Qing and Mountjoy，1994；雷国良 等，1994；强子同，2007；刘建清 等，2008）。Banner 等（1988）研究美国中部大陆密西西比系 Burlington-Keokuk 组海相白云岩稀土元素地球化学特征后认为，具有相似沉积历史但经历不同成岩历史的白云岩可以具有相似的 REE 配分模式。因此，可根据沉积岩的 REE 配分模式研究沉积物源的相关信息。由于 REE 属于过渡类元素，具有很强的金属性，以 Ce、Eu 的变价形成易溶离子与 REE 相分离现象最为突出（亨德森，1989）。在氧化环境中，Ce^{3+} 不断被氧化成相对易溶的 Ce^{4+} 被迁移而贫化，出现 Ce 负异常（$\delta Ce < 1$）。在低温碱性环境中，Eu^{3+} 将被还原为相对易溶的 Eu^{2+} 被迁移而贫化，出现 Eu 负异常（$\delta Eu < 1$），但在高温环境中易被氧化为难溶的 Eu^{4+} 发生相对富集而出现 Eu 正异常（$\delta Eu > 1$）。

（七）阴极发光分析

矿物的阴极发光是其成分、结构、构造等特点的直观反映。利用矿物阴极发光特征可以鉴定矿物及其内部化学成分的变化,也可以恢复其原岩组构,了解孔隙形成与演化规律,查明胶结物世代和化学成分的变化,进而确定矿物形成时介质的物化条件。白云岩的发光性是指白云岩的平均发光性。白云岩晶体的形成和生长是一个地质演化过程,在这一过程中,环境介质条件可能发生很大的变化,白云岩不同部位的发光也就有很大的差异。白云岩的阴极发光特征和白云岩的形成机理有很大的关系,淡水沉淀的白云岩发光较强,可以达到亮橘黄色,显示出白云岩内部环带构造发育;埋藏白云石化作用形成的白云岩发光最弱,为暗褐色到不发光;准同生阶段的白云岩发光性介于两者之间,为暗红—暗褐色,并且多数白云岩中心发光较亮,边缘发光较暗,发光特征与雾心亮边结构一致。控制矿物发光的主要因素是 Mn^{2+} 和 Fe^{2+} 的含量以及它们之间的比例,而 Mn^{2+} 和 Fe^{2+} 的含量与矿物形成的环境有关,因此,同种矿物的发光强度和颜色也可能差异很大。

由于形成机理和形成环境的差异性,白云岩晶体结构和地球化学特征亦各有特点,阴极发光特征有不完全相同的表现。

第二章　塞卜哈白云石化模式

塞卜哈白云石化模式理论形成于 20 世纪 60 年代，在该模式下，白云石化的深度一般小于 500m，[Mg^{2+}]/[Ca^{2+}] 为 10～30，主要发生在海岸带蒸发潮坪上的盐泽地区，风暴浪或特大潮汐流作用把富含 Mg^{2+} 的海水带到潮坪蒸发环境，海水渗透到碳酸盐岩地层当中。Friedman 和 Sanders(1967)对塞卜哈白云石化模式(毛细管浓缩作用)的机理进行了讨论，并总结认为"潮上带壳"白云岩都是由蒸发模式形成的。该模式最早被运用于波斯湾塞卜哈地区潮间带白云岩及佛罗里达—巴哈马地区白云岩的成因研究方面。在蒸发作用驱动下形成毛细管作用带，导致卤水不断地向上运动，一直到潜水面下降到刚好能产生毛细管蒸发作用的深度，称为蒸发泵作用。

由蒸发泵白云石化作用形成的白云岩十分常见，如华北地台的奥陶系、塔里木板块的寒武系、加拿大西部的泥盆系及美国西部的奥陶系等。

第一节　识　别　标　志

一、岩石学标志

由塞卜哈白云石化模式形成的白云岩具有以下特征：岩性以含硬石膏的纹层状泥晶白云岩、粉晶白云岩和泥晶隐藻白云岩为主，夹薄层瘤状硬石膏夹层及溶塌角砾岩；多见硬石膏被溶解形成的膏模孔；岩石颜色多为褐色、暗红色；具有鸟眼、泥裂、干裂等暴露构造；宏观上常呈薄层状，连续性和成层性较好，横向分布较稳定；由于位于海陆过渡带靠近陆地一侧，故常见陆源石英碎屑。

例如，就川东—渝北地区石炭系黄龙组白云岩形成而言，位于古陆边缘带的研究区在黄龙组早期整体处于蒸发作用强烈的塞卜哈环境(图 2-1)，海水的补给作用和蒸发作用的反复交替为准同生白云岩的形成提供了条件，主要发育有泥—微晶白云岩。泥—微晶白云石晶体大小为 0.003～0.004mm，呈他形粒状结构[图 2-2(a)]，往往含有较多杂质和有机质[图 2-2(b)]，或发育有藻纹层和残余藻屑纹层结构[图 2-2(c)]，偶见有含石膏或石膏假晶结构。此类白云岩结构非常致密，孔隙不发育。

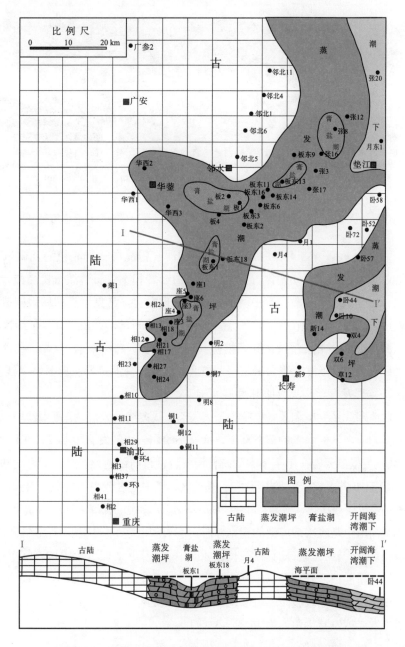

图 2-1 川东—渝北地区黄龙组层序白云岩相古地理图

晚石炭世晚期，整个上扬子地块受云南运动构造隆升、强烈的大气水侵蚀和岩溶作用影响，黄龙组碳酸盐岩地层绝大部分转化为岩溶岩系，受岩溶作用改造的准同生白云岩普遍发育有针状溶孔和少量膏模孔，而且溶缝也常见，溶缝中常充填有不溶残渣或外来砂泥物质，或被淡水方解石、白云石和沥青充填。尽管大气水岩溶作用对准同生白云岩储集物性有所改善，但总体物性不好，孔隙度为 0.69%～2.45%，平均为 1.14%，渗透率一般小于 $0.1 \times 10^{-3} \mu m^2$，为低孔、低渗型非储层。

 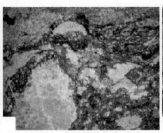 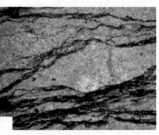

(a) 纹层状泥晶—微晶白云岩，HX 1 井，C₂hl₂，4591.8m，对角线长 4mm

(b) 泥晶白云质岩溶角砾岩，角砾间充填藻砂屑，有机质浸染，Tong 7 井，C₂hl₂，3380 m，对角线长 8mm

(c) 富藻纹层微晶白云岩，Tong 7 井，C₂hl₂，3376m，对角线长 4mm

图 2-2　准同生期白云石化作用形成的白云岩(白云石)显微特征

又如华北地台东部下古生界白云岩，该区的泥—粉晶白云岩晶粒为几微米到三十几微米，根据是否含有石膏，可分为含石膏泥—粉晶白云岩和不含石膏泥—粉晶白云岩。含石膏泥—粉晶白云岩呈浅灰、褐黄色，中薄层，水平纹理发育，常见泥裂和鸟眼构造，泥质含量较高(质量分数一般为 5%～10%)，含石膏，并与层纹状石膏岩共生。石膏呈结核状或分散的小晶体状。石膏小晶体常常溶蚀，并充填粉—细晶方解石，形成石膏假晶。在地层深处，石膏多转变为硬石膏。阴极发光下白云岩呈浅红色。不含石膏泥—粉晶白云岩呈浅灰、褐黄色，中薄层，水平纹理发育，常见鸟眼和叠层石构造。

塔里木盆地寒武系—奥陶系塞卜哈白云岩发育。从古气候分析，塔里木盆地中西台地区在早—中寒武世为干旱气候背景的蒸发环境，而塞卜哈白云岩的发育主要受控于沉积相(潮间—潮上坪)，故该类型白云岩在中—下寒武统普遍发育，目前钻遇该类型白云岩的井主要集中在塔北地区(如 YH10 井、YH7X-1 井等)和巴楚地区，塔中地区较少。塞卜哈白云岩的岩石具有如下特征：①藻纹层、鸟眼、泥裂—干裂等暴露构造，撕裂的碎屑，薄层瘤状硬石膏夹层，溶塌角砾岩是最简单也是应用最广泛的识别标志；②宏观上常呈纹层状，连续性和成层性较好，横向分布较稳定；③岩石因长期暴露在氧化环境中而呈褐色、暗红色[图 2-3 (a)]；④岩性以含膏泥晶白云岩、粉晶白云岩和泥晶隐藻白云岩为主，夹溶塌角砾岩[图 2-3 (b)、图 2-3 (c)、图 2-3 (e)]；⑤由于位于海陆过渡带靠近陆地一侧，故常见陆源石英碎屑[图 2-3 (d)]；⑥阴极发光强度弱，以不发光或发暗褐色光为主[图 2-3 (f)]。

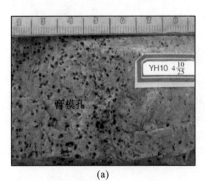 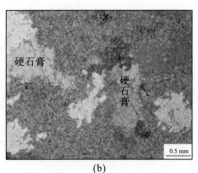

(a)　　　　　　　　　　　　　　　　　(b)

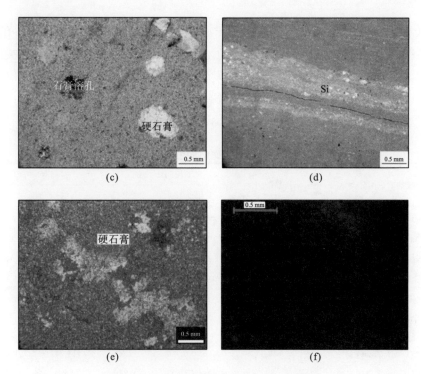

图 2-3　塔里木盆地塞卜哈白云岩岩石特征

(a)褐灰色含膏泥晶白云岩,1~2mm 膏模孔发育(YH10 井,6211.1m,中寒武统沙依里克组,岩心);(b)泥晶白云岩,含石膏(HE4 井,5079.80m,中寒武统阿瓦塔格组,正交光);(c)含膏泥晶白云岩,局部石膏被溶成孔隙(YH10 井,6211.4m,中寒武统沙依里克组,正交光);(d)泥晶白云岩,据纹层状结构,含石膏及陆源石英(TZ1 井,4109.68m,上寒武统,正交光);(e)膏质细晶白云岩,硬石膏发育呈点状、条带状分布(YH10 井,6213.5m,中寒武统沙依里克组,正交光);(f)泥晶白云岩,泥质含量较大(TZ1 井,4109.25m,上寒武统,正交光)

二、岩石地球化学标志

(一)碳氧同位素特征

白云岩的碳氧同位素组成与引起白云石化的流体介质有关,主要受介质盐度和温度的影响。海水蒸发作用使海水的碳氧同位素向偏正方向迁移,所以同生白云岩中的碳氧同位素值比海水和海水胶结物中的碳氧同位素值更偏正;相反,在埋藏条件下,地下卤水是海水、地层水,包括淡水和海水混合的地下流体,再加上高温,使氧同位素向偏负的方向迁移,所以埋藏白云岩的氧同位素值比海水和海水胶结物偏负,比同生白云岩更偏负。在埋藏条件下,由于淡水混入和有机碳的进入,碳同位素变化较大,但总的来说还是比海水胶结物和准同生白云岩要偏负。

以川东—渝北地区石炭系黄龙组准同生期白云岩为例,$\delta^{13}C$ 为 1.863‰~4.238‰,平均值为 3.235‰,$\delta^{18}O$ 为-3.579‰~0.474‰,平均值为-1.262‰(表 2-1)。图 2-4 为海相碳酸盐沉积物碳氧同位素随成岩作用假定的变化趋势图。由图可知,海相碳酸盐沉积物Ⅰ首先在大气水环境中发生成岩作用Ⅱ，然后在混合带沉淀叶片状胶结物Ⅲ，最后在深埋藏环境中发生粗粒方解石Ⅳ和鞍形白云石Ⅴ的沉淀。从Ⅱ到Ⅴ的一系列胶结物是从越来越热的水中沉淀的。虽然是假定的，但这个总的发展趋势与已从许多古代碳酸盐岩（灰岩和白云岩）中观察到的白云石中 $\delta^{13}C$ 和 $\delta^{18}O$ 比方解石分别富 3‰～4‰ 和 4‰～7‰ 的分馏值相吻合，可代表原始沉积白云质基质岩 $\delta^{13}C$ 和 $\delta^{18}O$ 的背景值。

表 2-1   各类碳酸盐岩和胶结物碳氧同位素变化范围和平均值统计表

碳酸盐岩成因分类	样品数/个	$\delta^{13}C(PDB)$ / ‰		$\delta^{18}O(PDB)$ / ‰	
		变化范围	平均值	变化范围	平均值
海相泥—微晶灰岩*	5	-2.44～0.651	-0.363	-8.928～-6.225	-7.980
准同生期白云岩*	6	1.863～4.238	3.235	-3.579～0.474	-1.262
成岩期埋藏白云岩	10	-1.248～2.492	0.823	-8.891～-1.14	-4.312
古表生期淋蚀溶孔白云岩	11	-0.95～3.339	1.421	-6.055～2.559	-2.675
古表生期白云质岩溶角砾岩	6	-1～3.942	1.697	-4.028～-1.369	-2.25
古表生期次生晶粒灰岩和次生灰质岩溶角砾岩	5	-1.532～3.249	1.387	-8.929～1.525	-3.558
古表生期淡水方解石*	20	-3.165～0.774	-1.692	-11.743～-5.351	-8.589
古表生期淡水白云岩*	5	-0.254～1.622	0.819	-8.868～-6.274	-7.6
再埋藏成岩期热液异形白云岩	1	2.97	2.97	-1.058	-1.058

注：*代表数据引自郑荣才等(1997)的研究结果

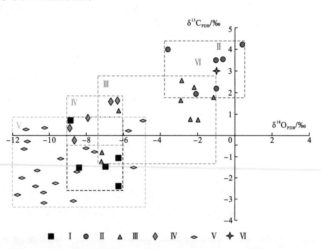

图 2-4   各类白云岩(石)和海相灰岩的 $\delta^{13}C$ 与 $\delta^{18}O$ 关系图

Ⅰ.海相泥—微晶灰岩；Ⅱ.准同生期白云岩；Ⅲ.成岩期埋藏白云岩；Ⅳ.古表生期淡水白云岩；Ⅴ.古表生期淡水方解石；Ⅵ.再埋藏成岩期热液异形白云岩

又如塔里木盆地寒武系塞卜哈白云岩的氧稳定同位素大于-6‰(局部小于-6‰的原因是塞卜哈白云石化后经历了复杂的成岩作用导致氧稳定同位素偏负)，碳稳定同位素一般大于-1‰(图 2-5)。

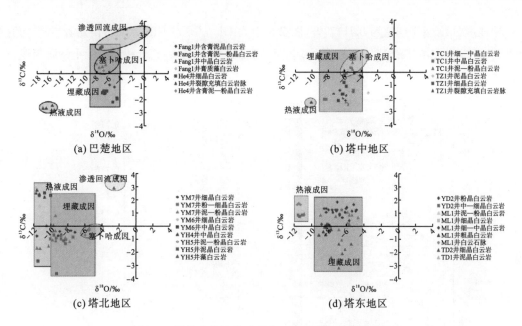

图 2-5　塔里木盆地寒武系白云岩碳氧同位素特征图

(二)锶同位素标志

依据蚀变碳酸盐矿物判定锶同位素的含量主要取决于流体中的 $^{87}Sr/^{86}Sr$。川东—渝北地区石炭系黄龙组白云岩锶同位素的特点表明，该区域石炭系黄龙组正常海相灰岩有很高的 $^{87}Sr/^{86}Sr$[平均值为 0.711011，图 2-6 中的 F]，白云岩系列出现准同生期白云岩[平均值为 0.709862，图 2-6 中的 D]、再埋藏成岩期热液异形白云岩[平均值为 0.710247，图 2-6 中的 E]、

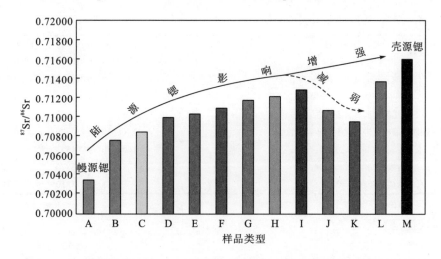

图 2-6　不同类型的碳酸盐岩、岩溶岩与胶结物的锶同位素组成均值对比直方图

A.幔源锶；B.华南晚石炭世碳酸盐岩；C.全球晚石炭世海相碳酸盐岩(Veizer et al.，1999)；D.准同生期白云岩；E.热液异形白云岩；F.正常海相灰岩；G.成岩期埋藏白云岩；H.古表生期淋蚀溶孔白云岩；I.古表生期白云质岩溶角砾岩；J.淡水方解石；K.表生期次生晶粒灰岩和角砾岩；L.淡水白云岩；M.壳源硅铝质岩

成岩期埋藏白云岩[平均值为 0.711779，图 2-6 中的 G]、古表生期白云质岩溶角砾岩[平均值为 0.713512，图 2-6 中的 I]$^{87}Sr/^{86}Sr$ 的平均值分别低于、略低于、高于和远高于正常海相泥—微晶灰岩的变化趋势(图 2-7、表 2-2)。

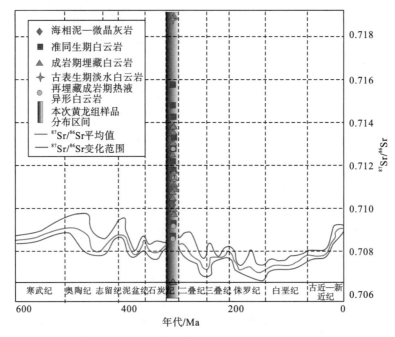

图 2-7　显生宙以来 4055 个样品 $^{87}Sr/^{86}Sr$ 数据的演化曲线(据 Veizer et al.，1999)

表 2-2　各类碳酸盐岩和胶结物 $^{87}Sr/^{86}Sr$ 变化范围和平均值统计表

碳酸盐岩成因分类	样品数/个	$^{87}Sr / ^{86}Sr$	
		变化范围	平均值
海相泥—微晶灰岩	3	0.709104~0.713830	0.711011
准同生期白云岩	2	0.709178~0.710546	0.709862
成岩期埋藏白云岩	10	0.709150~0.719040	0.711779
古表生期淋蚀溶孔白云岩	12	0.709068~0.715700	0.712701
古表生期白云质岩溶角砾岩	6	0.711870~0.713990	0.712838
古表生期次生晶粒灰岩和次生灰质岩溶角砾岩	5	0.706510~0.712270	0.709534
古表生期淡水方解石	2	0.710110~0.711353	0.710732
古表生期淡水白云石	4	0.711538~0.718870	0.713512
再埋藏成岩期热液异形白云岩	2	0.708643~0.711850	0.710247

(三)微量元素标志

不同类型的白云岩其微量元素分布特征差异较为明显,塞卜哈白云岩和成岩期埋藏白云岩均具有随着岩溶作用的增强而微量元素含量增大的趋势,而再埋藏成岩期热液异形白云岩和古表生期淡水白云岩分别具有最低和中等的微量元素分布值。此微量元素分布特征可作为稀土元素地球化学特征的辅助标志来反映白云石化流体在成岩作用过程中性质的变化(胡忠贵，2009)。图 2-8 及表 2-3 分别表示华北地区中部下古生界白云岩及川东—渝北地区石炭系黄龙组白云岩的微量元素分布特征。

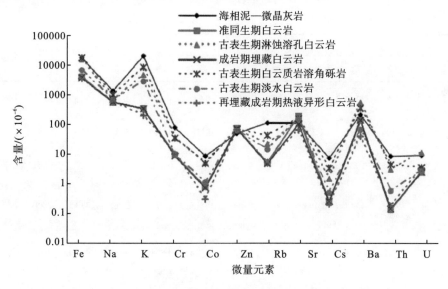

图 2-8　川东—渝北地区石炭系黄龙组各类碳酸盐岩微量元素含量分布图

注：图中数据源于各类样品的平均值

表 2-3　华北地台中部下古生界白云岩源于各类样品的平均值的阴极发光特征及微量元素含量表

岩石类型	层位	阴极发光	$Fe^{2+}+Fe^{3+}$/%	Mn^{2+}/%	Sr^{2+}/($\times 10^{-6}$)
不含石膏泥—粉晶白云岩	汶 O_1-30-3	浅红色	0.04	0.05	<100
等粒细晶白云岩	汶 O_{1y}-5-1	红色	0.36	0.05	<100
	汶 O_{1y}-5-2	红色	0.29	0.01	<100
	汶 O_{1y}-14-1	红色	0.34	0.05	<100
	汶 O_{1y}-14-2	红色	0.25	0.04	<100
	汶 O_{1y}-14-3	红色	0.54	0.11	<100
	汶 O_{1y}-16-1	红色	0.50	0.12	<100
	汶 O_{1y}-16-2	深红色	0.74	0.11	
不等粒粗晶白云岩	汶 O_1-1-1	浅红色	0.14	0.01	—
	汶 O_1	橙色	0.01	0.06	—

（四）稀土元素标志

根据川东—渝北地区石炭系各类碳酸盐岩和胶结物样品稀土元素特征可以看出，同类样品的 ΣREE(稀土元素总量)值较为接近，证明按成因分类的样品分析结果是可靠的(表 2-4)。各类样品 ΣREE 变化范围较大，为 4.72×10^{-6}～70.89×10^{-6}，平均值为 21.08×10^{-6}。其中，以海相泥—微晶灰岩的值最高(70.89×10^{-6})，而其他各类白云岩和岩溶岩及胶结物样品都低于或远低于海相泥—微晶灰岩。准同生期白云岩和成岩期埋藏白云岩都具有很低但很相似的 ΣREE。古表生期淋蚀溶孔白云岩和白云质岩溶角砾岩具有较高且很相似的 ΣREE。古表生期淡水白云岩具有较低的 ΣREE，但略高于同期的淡水方解石、次生晶粒灰岩和次生灰质岩溶角砾岩，古表生期淡水方解石、次生晶粒灰岩和次生灰质岩溶角砾岩的 ΣREE 略高于准同生期白云岩和成岩期埋藏白云岩。

表 2-4　川东—渝北地区石炭系各类碳酸盐岩和胶结物样品稀土元素特征

碳酸盐岩成因分类	样品数/个	REE 平均值/(×10⁻⁶)								ΣREE/(×10⁻⁶)	ΣLREE/ΣHREE	δCe	δEu
		La	Ce	Nd	Sm	Eu	Tb	Yb	Lu				
海相泥—微晶灰岩	2	18.81	32.65	14.09	3.05	0.42	0.54	1.18	0.17	70.89	36.52	0.96	0.42
准同生期白云岩	4	1.108	1.928	1.33	0.51	0.138	0.118	0.15	0.02	5.3	17.41	0.82	0.76
成岩期埋藏白云岩	14	0.945	1.634	1.246	0.423	0.119	0.097	0.225	0.03	4.72	12.41	0.78	0.77
古表生期淋蚀溶孔白云岩	4	9.01	13.61	7.193	1.913	0.498	0.413	0.7	0.085	33.42	26.9	0.82	0.64
古表生期白云质岩溶角砾岩	5	11.012	21.494	10.45	2	0.42	0.404	0.964	0.124	46.86	30.41	0.98	0.62
古表生期次生晶粒灰岩和次生灰质岩溶角砾岩	2	1.81	2.715	1.725	0.57	0.11	0.12	0.19	0.025	7.27	20.69	0.77	0.55
古表生期淡水方解石	5	1.242	2.706	1.38	0.277	0.056	0.04	0.08	0.011	5.82	43.21	0.98	0.68
古表生期淡水白云岩	4	2.18	4.52	2.69	0.675	0.11	0.134	0.135	0.017	10.46	35.58	0.97	0.48
再埋藏成岩期热液异形白云岩	2	0.97	2.065	1.295	0.325	0.09	0.055	0.14	0.0165	4.96	22.43	0.97	0.87
球粒陨石		0.31	0.808	0.6	0.195	0.0735	0.0474	0.209	0.0322	—	—	—	—

注：δCe=2（Ce 样品 / Ce 球粒陨石）/（La 样品 / La 球粒陨石+Nd 样品 / Nd 球粒陨石）；δEu=2（Eu 样品 / Eu 球粒陨石）/（Sm 样品 / Sm 球粒陨石+Tb 样品 / Tb 球粒陨石）

塞卜哈白云岩中的稀土元素含量比渗透回流白云岩高，这是由于碳酸盐岩中的稀土元素总量在沉积岩中是最低的，但泥质的增加会导致稀土元素含量的增加。又由于 Ce^{3+} 在大洋中会被氧化为 Ce^{4+}，以 CeO_2 的形式沉淀出来，故海水的 Ce 表现为亏损的特征，而形成塞卜哈白云岩和渗透回流白云岩的成岩流体主要为高盐度的海水，所以从元素配分模式图中也可看出它们整体表现为 Ce 的负异常，但随着泥质含量的增加，Ce 的亏损会逐渐消失，故塞卜哈白云岩 Ce 的亏损程度要比渗透回流白云岩低。

三、测井标志

通常可以利用自然伽马测井定性解释沉积相。因此，针对部分具有塞卜哈成因特征的白云岩，可用测井曲线进行识别。

例如，塔里木盆地中、下寒武统的塞卜哈白云岩，因其空间展布主要受沉积相控制，故其自然伽马响应特征是不同的。塞卜哈白云岩储层具有泥质含量高的特点，自然伽马曲线常表现为高值。通过对比渗透回流白云岩的沉积特点可以发现，渗透回流白云岩主要发育在蒸发台地(或潟湖)中，岩性以颗粒白云岩、礁丘白云岩为主，泥质含量相对较低，自然伽马曲线表现为低值。又由于受海平面频繁变化控制，塞卜哈白云岩储层和渗透回流白云岩储层交替发育，自然伽马曲线呈指状、箱状频繁变化的特征，如 YH7X-1 井[图 2-9(a)]和 YH10 井[图 2-9(b)]，与薄片标定特征吻合得很好。

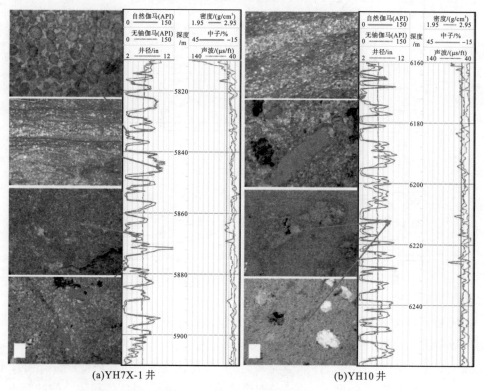

(a)YH7X-1 井   (b)YH10 井

图 2-9　塔里木盆地塞卜哈白云岩和渗透回流白云岩测井识别图

注：1in=2.54cm，1ft=0.3048m

第二节　塞卜哈白云石化与储层关系

塞卜哈是指海岸带蒸发潮坪上的盐泽地区，以阿拉伯海湾南部和西部边缘地带最为典型，塞卜哈白云石化模式是高盐度水体白云石化的代表模式之一。

如图 2-10 所示，在海岸塞卜哈地区，在持续的蒸发作用下，潮坪之下的海水因毛细管作用而不断上升，并因水的蒸发而逐渐浓缩，在该区形成高盐度卤水带，并在塞卜哈地表有盐壳形成，即所谓的蒸发泵作用。蒸发泵作用使塞卜哈地区卤水浓度升高，Mg/Ca(摩尔分数比)增大，促使沉积物中方解石或文石发生白云石化作用而形成准同生期白云岩。

也有人认为塞卜哈地区的高盐度水体是风暴或涨潮使海水从潟湖上升到塞卜哈潮坪的。例如，塞卜哈的水文环境主要由 3 个连续的阶段组成：陆地洪水充注、毛细管浓缩和蒸发泵吸。这 3 个阶段随着白云石化卤水的演化而演变，并不断重复。这表明塞卜哈白云石化模式虽然取得了很多共识，但在一些细节问题上仍存在分歧，有待进一步研究。

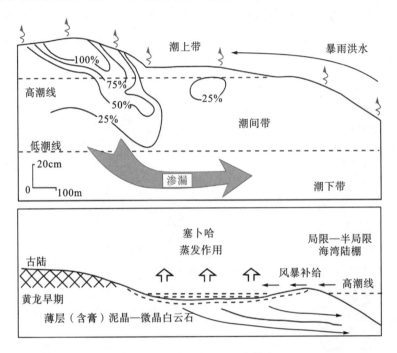

图 2-10　塞卜哈白云石化模式

古代塞卜哈地层序列是重要的油气储层分布层位，潮间—潮上坪沉积物的白云石化作用可形成储层，而伴生的蒸发岩常常形成盖层。大气淡水对塞卜哈地层序列的影响是由塞卜哈环境的过渡属性(处于陆地和海洋环境之间，以陆上为主的沉积环境)所决定的。有学者提出了"成岩地形"术语，指的是长期受陆地雨水影响而暴露的向陆一侧的塞卜哈边缘。在高频旋回的末期，或三级层序开端的低水位期，可以形成成岩地形，并对边缘海塞卜哈进行成岩改造。通常出现在每个塞卜哈旋回末期发育的淡水回流和成岩地形可能是塞卜哈地层序列内形成具重要经济价值孔隙的主要控制因素。

在塔里木盆地 YH10 井(第 4 筒心 6210.10～6213.20m 井段)可见到较为典型的塞卜哈白云岩储层，该套储层位于塞卜哈向上变浅序列的中上部，下部以致密的泥晶白云岩为特征，储层载体为一套含石膏的潮间—潮上坪泥晶白云岩。孔隙类型主要有溶孔(包括石膏溶孔、未白云石化的灰泥或文石的溶孔)、砾间孔(石膏层溶解导致白云岩层的垮塌造成的)(图 2-11)。储层在后期的埋藏过程中受到叠加改造，可见白云石重结晶作用形成的晶间孔，埋藏岩溶作用形成晶间溶孔，构造应力作用形成裂缝。

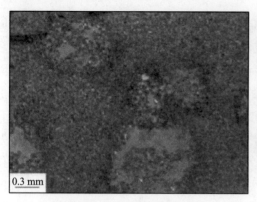 

(a) 泥晶白云岩中发育的石膏溶孔　　　　　　　　(b) 粉细晶白云岩中发育砾间孔，是膏岩
　　（YH 10 井，6210.76m，-ϵ_2）　　　　　　　层溶解导致白云岩层垮塌所致（YH 10
　　　　　　　　　　　　　　　　　　　　　　　　井，6210.40m，-ϵ_2）

图 2-11　塔里木盆地下古生界塞卜哈白云岩储层孔隙发育特征

　　从孔隙的类型及成因不难分析出塞卜哈白云岩储层的成因机理和主控因素。储层形成于干旱气候条件下的潮间—潮上坪蒸发成岩环境，对储层发育起控制作用的有塞卜哈白云石化作用、石膏的沉淀作用、大气淡水导致的石膏溶解作用、白云岩的垮塌作用、白云岩重结晶作用、埋藏岩溶作用和构造裂缝作用，但主要控制作用是塞卜哈白云石化作用导致的石膏沉淀作用和大气淡水导致的石膏溶解作用。在塞卜哈向上变浅的地层序列中，石膏主要分布在中上部，并有两种产状。中部石膏以斑块状散布在泥晶白云岩中为特征，形成膏质白云岩，上部以膏岩层和膏质白云岩或泥晶白云岩互层为特征，由下至上构成气候逐渐干旱和石膏含量逐渐升高的序列（图 2-12）。

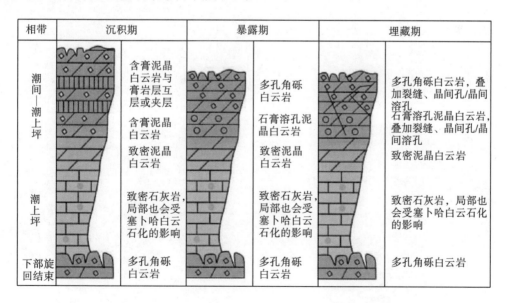

相带	沉积期		暴露期		埋藏期	
潮间—潮上坪		含膏泥晶白云岩与膏岩层互层或夹层		多孔角砾白云岩		多孔角砾白云岩，叠加裂缝、晶间孔/晶间溶孔
		含膏泥晶白云岩		石膏溶孔泥晶白云岩		石膏溶孔泥晶白云岩，叠加裂缝、晶间孔/晶间溶孔
		致密泥晶白云岩		致密泥晶白云岩		致密泥晶白云岩
潮上坪		致密石灰岩，局部也会受塞卜哈白云石化的影响		致密石灰岩，局部也会受塞卜哈白云石化的影响		致密石灰岩，局部也会受塞卜哈白云石化的影响
下部旋回结束		多孔角砾白云岩		多孔角砾白云岩		多孔角砾白云岩

图 2-12　塔里木盆地下古生界塞卜哈白云岩储层发育模式

　　石膏的存在非常重要，它为石膏的溶解和石膏溶孔的形成、白云岩地层的垮塌和砾间孔的形成奠定了物质基础，而塞卜哈环境的过渡属性又为频繁的大气淡水淋溶作用提供了保障。这也很好地解释了塞卜哈白云岩储层为什么主要发育于塞卜哈地层序列的中上部，而下部的纯泥晶白云岩反而不能发育成储层的情况（图 2-12）。事实上，塔里木盆地寒武系—奥陶系地层中的泥晶白云岩是非常发育的，但不含石膏的泥晶白云岩是不可能发育成储层的，因为没有石膏为其提供可形成储层的物质基础。从古气候分析，塔里木盆地塞卜哈白云岩储层主要发育于早中寒武世干旱气候期的潮间—潮上坪，与石膏或膏岩层伴生。在塞卜哈向上变浅的地层序列中，由下至上具有气候逐渐干旱和石膏含量逐渐升高的特征。石膏一般以结核状或薄层状分布，很容易被罕见的雨水溶解，所以这类储层的孔隙类型主要为石膏及膏岩层受溶蚀而形成的膏溶孔和溶塌角砾的砾间孔（图 2-13）。

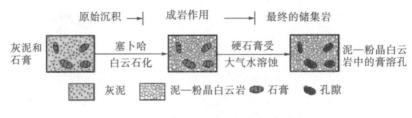

图 2-13　塞卜哈白云岩成岩演化示意图

第三章　渗透回流白云石化模式

渗透回流模式最早由 Adams 和 Rhodes(1960)提出，用以解释在美国得克萨斯州二叠纪潟湖和生物礁中大量分布的白云岩的形成机制。在具障壁碳酸盐岩台地的潟湖区和浅海区，蒸发作用导致海水盐度升高，达到石膏过饱和状态(图 3-1)；其后，高 Mg/Ca 的卤水向下流抵台地或向海流经沉积物时便发生了白云石化作用。

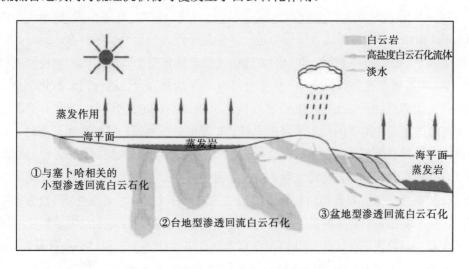

图 3-1　传统渗透回流白云石化模式示意图

在现代例证中，渗透回流白云岩主要由蒸发盐壳层下的小规模回流作用形成。在加勒比海南部博内尔岛全新世蒸发盐壳下的潟湖泥中，分布有渗透回流作用在更新世基底上形成的少量微晶白云石。Deffeyes 等(1965)研究发现西班牙加那利群岛海岸线现代亮晶生物碎屑灰岩中的回流卤水形成的白云岩往往只会少量出现，通常交代早期的碳酸盐胶结物。

古代小规模的渗透回流白云岩常与塞卜哈白云石化模式的白云岩一起出现(图 3-1)。在潮坪环境中形成的沉积物，其孔隙水会强烈蒸发至石膏过饱和状态，并因为水体密度的升高而产生卤水回流现象(Rahimpour-Bonab et al.，2010)。在非碳酸盐沉积中，也有可能形成小规模的渗透回流白云岩。在西欧北海南部二叠系蒸发盐岩之下，渗透回流白云岩以胶结物的形式存在于砂岩的孔隙中(Purvis，1989)。

渗透回流白云石化作用常被用来解释地质历史中与台地/盆地规模蒸发盐"共生"的白云岩的成因(Warren，1991；Shields and Brady，1995；Potma et al.，2001)。尽管缺乏现代大规模渗透回流白云石化的例证，但古近纪地层中发现的一些厚度达 10 多米、分布范围为 100 余平方公里的渗透回流成因的白云岩(Lucia and Major，1994；Fouke et al.，1996)

为该模式解释地层发生大规模白云石化作用提供了可能。

Warren（1991）结合前人研究成果，将大规模渗透回流白云石化模式分为台地型和盆地型两种类型（图3-1）。台地型渗透回流模式与台地上广泛分布的蒸发盐层相关：在三级沉积旋回形成的低海平面时期，在局限碳酸盐岩台地的内部，强烈的蒸发作用形成盐席，并会发生高镁卤水的回流，从而交代下伏的灰岩沉积物而形成大规模的白云岩。盆地型渗透回流作用与盆地中广泛分布的蒸发盐层相关。地形封闭和干热的气候使得盆地内部盐度升高，生成盐席，并向盆地边缘或台地发生渗透回流作用。值得注意的是，盆地内部发生回流作用使得岩石孔隙水含量降低，可能会使海水或淡水从台地方向补偿回流，从而产生复杂的白云石化作用。

渗透回流模式常被应用于解释台地规模白云岩的形成。许多学者（Simms，1984；Shields and Brady，1995）通过数值模拟进一步确定了渗透回流模式的存在，但对其应用范围做出了限定。数值模拟表明，单一的渗透模式很难解释整个碳酸盐岩台地被彻底白云石化的现象。通过对宽度为几百千米、厚度为3km的碳酸盐岩台地进行白云石化模拟，Jones等（2003）提出活跃回流（active reflux）和隐伏回流（latent reflux）的概念，即在海平面较低时期，台地内部岩层孔隙中的原生水被卤水替代，发生活跃回流；当海平面升高时，碳酸盐岩台地接受正常盐度海水的侵没。台地内高盐度卤水继续下沉并侧向分散，台地顶部岩层中的岩石孔隙水含量降低，将海水吸入，发生隐伏回流。隐伏回流与卤水形成期间的活跃回流结合似乎为碳酸盐岩台地沉积快速而彻底的白云石化提供了可能性。但数值模拟实验证明，只有在渗透率非常高并且无页岩、蒸发岩层等隔水层的台地上发生足够长时间的回流作用才能完全白云石化，而这些情况在自然条件下往往不会出现（Jones et al.，2003）。而且当台地内卤水的盐度过高时，常会在沉积物与水的界面附近形成石膏/硬石膏层，从而有效抑制卤水向深部渗透以及对海水的吸入，使得深部的岩石难以发生白云石化（Machel et al.，1996）。虽然将整个台地完全白云石化很难，但渗透回流模式可以很好地应用于温暖、干旱气候条件下的碳酸盐岩台地边缘环潮汐带和潮下带几米到几千米的白云石化成因研究之中。

国内有关渗透回流白云岩成因的研究较为广泛，研究时代从震旦纪至渐新世，研究对象从海相到湖相沉积。华北地区下奥陶统广泛分布的砂糖状白云岩，即三山子白云岩，被认为与次生阶段的渗透回流白云石化作用有关，并不能反映原生阶段干旱的古气候环境。廖静和董兆雄（2008）在柴达木盆地西部和渤海湾盆地古近纪和新近纪湖相沉积中识别出准同生期渗透回流作用形成的泥晶白云岩。四川盆地二叠系—三叠系广泛分布有与蒸发盐岩有关的白云岩，为蒸发潮坪相之下发生的卤水渗透回流作用形成（周跃宗 等，2006；曾伟 等，2007；张婷婷 等，2008）。鄂尔多斯盆地寒武系—奥陶系中的粉—细晶白云岩与成岩早期大规模的卤水回流作用相关，伴生蒸发岩层的沉积（Feng et al.，1998；谢庆宾 等，2001；王小芬和杨欣，2011）。塔里木盆地寒武系—奥陶系白云岩储集层被认为与潮下带卤水回流有关（邵龙义 等，2002；李凌 等，2007；刘永福 等，2008）。

刘新民等(2007)、牛晓燕和李建明(2009)发现华南中、上扬子区震旦系灯影组中的细晶白云岩与大量的蒸发盐伴生出现，晶粒较小，认为这些白云岩与发生于台地边缘滩的渗透回流白云石化作用有关。

近年来，国际上许多研究实例大大扩大了渗透回流模式白云石化作用的应用范围，特别是在盐度较低(甚至是淡水)条件下，渗透回流白云石化作用依旧可以发生(Lucia，1968；Simms，1984；Whitaker and Smart，1993；Haas and Demény，2002；Melim and Scholle，2002)，但国内对这方面的介绍和研究较少。

第一节　识　别　标　志

一、矿物岩石学标志

典型的渗透回流模式往往具有以下特点：①在较大范围内发育有几十米到几百米厚的呈层状分布的泥晶—粉晶白云岩，少量细晶白云岩，其白云石化程度随地层深度增大而降低(图 3-2)；白云岩常为平直晶面自形—半自形晶，晶粒大小多为 10～100μm，可能为交代作用的产物(replacement dolomite)，也可能为早期胶结物(cement dolomite)；粉晶白云岩中有时见残余颗粒结构，或见白云岩的菱面体自形晶或半自形晶侵袭过砾屑、砂屑、鲕粒的边界，并进一步交代这些颗粒，使原生结构消失，仅因含少量杂质而可窥见其轮廓；②白云岩原始结构往往保存良好，主要为成岩早期(或中期)选择性白云石化作用所致，反映浅海—滨海沉积；③白云岩常与层状、结核状石膏或硬石膏伴生，往往分布在一层广泛分布的蒸发盐岩层或垮塌层之下；④白云岩往往具有较高的孔隙度，并且孔隙度随地层深度增大而降低，可以作为储集层(Adams and Rhodes，1960；Machel，2004)。

(a) M1井，5297.07 m，泥晶　　　　　　　(b) GD2井，11筒17块，细晶
白云岩中的藻纹层，×40　　　　　　　白云岩，雾心亮边结构，×40

<table>
<tr><td>(c) 细晶白云岩，ML1井，
5325.24 m，寒武系，单偏光</td><td>(d) 细晶白云岩，ML1井，5325.24 m
的阴极发光片，呈暗红色</td></tr>
</table>

图 3-2 塔东地区寒武系渗透回流成因白云岩

塔里木盆地寒武系渗透回流白云石化作用与塞卜哈白云岩发育背景类似，主要发育于塔北、巴楚地区的中—下寒武统地层中（如 YM36 井、YH7X-1 井、He4 井、Fang1 井等），在塔中地区有少量发育。

渗透回流白云岩具有如下的岩石学特征：①多为颗粒白云岩及藻礁（丘）白云岩，对应的原岩为颗粒灰岩、藻礁（丘）灰岩（图 3-3）；②白云岩晶体以粉晶、细粉晶为主，反映浅埋藏白云石化（图 3-3）；③常见石膏充填原生孔[图 3-3（d）]，石膏含量由靠陆一侧向靠海一侧逐渐降低；④垂向上与膏岩层互层，侧向上与膏岩层相变。

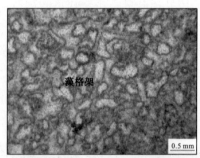

<table>
<tr><td>(a) 含残余砂屑粉细晶白云岩，见晶间溶孔。
Kang2井，5496.53m，下寒武统肖尔布拉克组。
铸体片，单偏光</td><td>(b) 粉晶藻白云岩，藻黏结构呈网状凝块
结构。YH5井，6396.53m，下寒武统肖
尔布拉克组。铸体片，单偏光</td></tr>
</table>

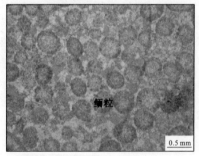
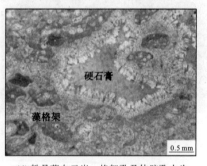

<table>
<tr><td>(c) 粉晶颗粒白云岩，原岩为颗粒灰岩，颗粒
铸模孔和粒间溶孔。YH7X-1井，5833.20m，
中寒武统阿瓦塔格组。铸体片，单偏光</td><td>(d) 粉晶藻白云岩，格架孔及体腔孔中为
白云石及石膏充填。Fang1井，4602.5m，
下寒武统玉尔吐斯组。铸体片，正交光</td></tr>
</table>

图 3-3 塔里木盆地渗透回流白云岩岩石特征

二、地球化学标志

白云岩的 $\delta^{18}O$ 沿白云石化作用方向逐渐降低（表 3-1），泥晶—粉晶白云岩有序度明显低于细晶—中晶白云岩有序度（图 3-4）。在包裹体温度方面，泥晶—粉晶白云岩的均一化温度低于细晶—中晶白云岩（图 3-5 和图 3-6）。

表 3-1　川东北下三叠统飞仙关组渗透回流白云石化岩石学及地球化学特征

白云石化作用	沉积学特征	岩石学特征	稳定同位素特征		主要氧化物/%				阴极发光特征	X 射线衍射特征	
			$\delta^{18}O$(PDB)/‰	$\delta^{13}C$(PDB)/‰	Na$_2$O	SrO	MnO	FeO		有序度	碳酸钙摩尔分数/%
渗透回流白云石化	台地内潟湖及点滩	泥晶白云岩，与石膏共生	−25～−4.0，平均为−3.4	−25～−0.5，平均为−3.4	0.030～0.070	0.090～0.200	0.002～0.020	0.100～0.170	不发光	≥0.9	≤50

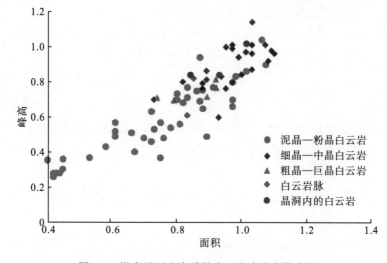

图 3-4　塔东地区上寒武统白云岩有序度散点图

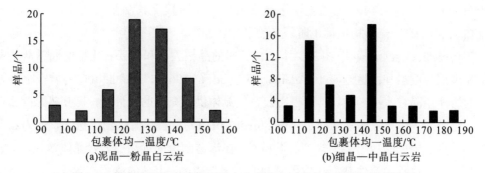

图 3-5　塔东地区上寒武统不同大小晶体白云岩的包裹体测温统计图

在传统渗透回流模式中，白云石化程度沿流体方向逐渐降低，晶粒变小，孔隙度增大，如图 3-6(a)和图 3-6(b)所示；在 Wahlman(2010)修正的模式中，白云岩的晶粒沿流体的方向增大，由微晶[图 3-6(c)]变为半自形、自形的细晶[图 3-6(d)]。

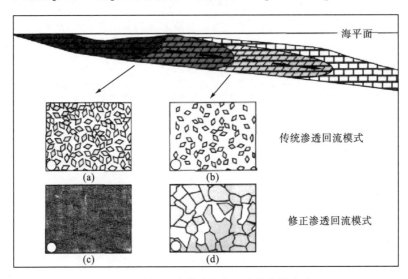

图 3-6　渗透回流模式中白云岩晶粒的变化

三、测井标志

渗透回流白云岩储层主要发育在蒸发台地(或潟湖)中，岩性以颗粒白云岩、礁丘白云岩为主，泥质含量相对较低，自然伽马曲线表现为低值。

第二节　渗透回流白云石化模式中晶粒的变化

区域 1 初始交代的白云岩具有松散的网孔结构，由于白云石化流体的持续流动，孔隙度随着时间的推移和白云岩胶结作用的进行而降低，发生第 1 阶段至第 3 阶段的变化；由于白云石化流体中 Mg^{2+} 的消耗，区域 2 发生第 1 阶段至第 2 阶段的变化；区域 3 仅发生白云岩交代灰岩，发生第 1 阶段的变化(图 3-7)。

在传统的渗透回流模式(图 3-6)中，白云岩的晶粒大小和白云石化程度通常从蒸发盐岩层随地层深度增加而逐渐减小(Adams and Rhodes，1960)，或者回流白云岩在上下岩层相同的岩相中晶粒大小一致，只有在白云石化流体供应充分的条件下，其上部的白云岩晶粒才会逐渐增大，孔隙度逐渐减小。Wahlman(2010)对回流模式做出了修正，认为靠近高镁流体源白云岩的晶粒可能为极细的泥粉晶，在渗透回流的远端白云岩晶体粒径增大。这是由白云石化过程中流体盐度和作用时间的变化造成的。上部的流体盐度较高，会更快地通过岩层将灰岩白云石化，而流体会在下部岩层作用更长的时间，使得晶粒变大。那么，许多大规模的潮坪—浅潮下带具有残余结构的微晶白云岩，其下为深潮下带的无残余结构细晶白云岩组合，可以看作是回流作用模式下白云石化作用的结果。

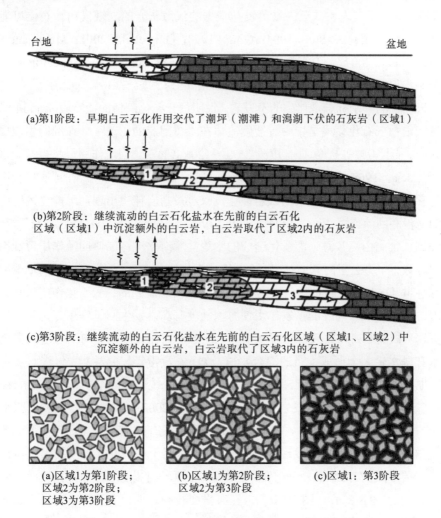

(a)第1阶段：早期白云石化作用交代了潮坪（潮滩）和潟湖下伏的石灰岩（区域1）

(b)第2阶段：继续流动的白云石化盐水在先前的白云石化
区域（区域1）中沉淀额外的白云岩，白云岩取代了区域2内的石灰岩

(c)第3阶段：继续流动的白云石化盐水在先前的白云石化区域（区域1、区域2）中
沉淀额外的白云岩，白云岩取代了区域3内的石灰岩

(a)区域1为第1阶段；　　　　(b)区域1为第2阶段；　　　　(c)区域1：第3阶段
区域2为第2阶段；　　　　　区域2为第3阶段
区域3为第3阶段

图3-7　过度白云石化模式

在理想状况下，石灰岩的白云石化作用大约能产生13%的粒间或晶间孔隙，形成松散的网孔结构[图 3-7(a)]（Machel，2004）。但是在波内瓦岛和南佛罗里达岛更新世地层中，白云岩岩层的孔隙度比同期的灰岩低，说明白云石化作用有可能会降低岩层的孔隙度（Halley and Schmoker，1983）。在发生白云石化的潮坪或潟湖中，如果回流作用使高饱和度卤水在已形成的白云岩晶体间孔隙中持续流动，新的白云岩会在早期形成的白云岩晶体上继续生长而形成白云岩胶结物，这种现象被称为过度白云石化（Saller and Henderson，2001）。岩层孔隙度不会由上至下逐渐降低（Saller and Henderson，2001）。过度白云石化会产生环带结构的白云岩[图 3-7(b)、图 3-7(c)]；如果白云石化流体性质和白云岩结晶速度没有大的变化，过度白云石化形成的白云岩也可能缺乏明显的环带结构。若发生在早成岩阶段，白云岩多为平直晶面自形/半自形晶。过度白云石化也可能发生在深埋藏的超盐度

流体经过碳酸盐岩层时，部分或全部堵塞孔隙，从而使岩石的孔隙度和渗透率降低。

　　近年来，许多研究表明缺乏大量蒸发盐证据的浅海灰岩的大规模白云石化可能与中等盐度的渗透回流作用有关(Sun，1994；Qing，1998；Qing et al.，2001；Melim and Scholle，2002；Eren et al.，2007)。中等盐度卤水(penesaline seawater or mesosaline brines)一般是指盐度高于海水但低于石膏大量沉淀的微咸流体，盐度为37‰～140‰。如前所述，传统的渗透回流白云石化的判别标志是伴生的蒸发岩，说明白云石化流体的盐度应高于140‰。中等盐度渗透回流白云石化模式是指中等盐度流体在渗透回流的驱动下，在准同生或成岩早期形成白云岩。而且，中等盐度(即盐度为35‰～120‰)的渗透回流作用最早被实验室的数据模拟证明(Lucia，1968；Kirkland and Evans，1981；Simms，1984)。在地质历史中的温室期，广泛存在的低纬度环潮汐带白云岩往往没有蒸发盐岩伴生出现，可能受控于中等盐度流体水的淹没和回流作用(Sun，1994)。Qing(1998)和 Qing 等(2001)结合岩石学和岩石地球化学证据，推测由高频海平面变化造成的中等盐度海水流体渗透回流作用可能影响泥盆纪和侏罗纪数千平方公里的碳酸盐岩台地，造成大规模的白云石化。Haas 和 Demény(2002)在对晚三叠世 Dachstein 台地白云岩-灰岩向上变浅沉积旋回的白云石化作用进行详细的研究后发现，在干旱期，潮坪的蒸发作用使海水盐度升高，发生回流作用，由于早期固结的岩石或页岩形成隔水带，白云石化规模小(厚3～5m)；在过渡期，向下渗透的大气降水与潮坪盐水在隔水带之上形成少量的混合水白云岩；在潮湿期，主要是大气淡水发生回流作用，不发生白云石化。中国华南、塔里木等板块上寒武统—奥陶系中许多白云岩被认为是由渗透回流作用产生，且与蒸发岩无关(邵龙义 等，2002；李凌 等，2007；张奎华和马立权，2007；刘永福 等，2008)，均可能与此修正模式有关。有学者在对扬子台地内部中上寒武统白云岩成因的调研中发现，该模式可能也适用于与蒸发岩无关的大规模半局限潮下带白云岩的形成。在海平面较低时期，主要形成自形—半自形结构的粉晶—细晶白云岩，无或少残余结构[图 3-8(a)～图 3-8(c)]；在海平面较高时期，主要形成泥晶白云岩，保存残余结构[图 3-8(d)～图 3-8(f)]。

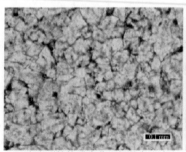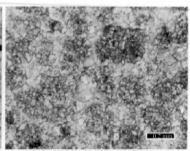

(a)半自形结构平直曲面细晶白云岩，　　　　　(b)半自形结构平直曲面细晶白云岩，
　　无残余结构，三游洞群上部　　　　　　　　见残余鲕粒，覃家庙群上部

(c)自形结构平直曲面细晶白云岩，后期去白云石化，红色为茜素红染色，三游洞群中上部　　(d)泥晶白云岩，覃家庙群下部

 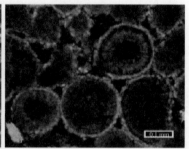

(e)泥晶鲕粒白云岩，含陆源石英碎屑，覃家庙群上部　　(f)亮晶鲕粒白云岩，为后期溶蚀作用改造，鲕粒为极细晶粒，覃家庙群上部

图 3-8　湖北兴山古洞口剖面寒武系覃家庙群和三游洞群中等盐度渗透回流作用白云岩

第三节　形成机制及主控因素

在渗透回流模式中，Mg^{2+}来自浓缩后盐度较高的海水。Shields 和 Brady(1995)在实验的基础上半定量地讨论了渗透回流模式下形成不同规模白云岩所需要 Mg^{2+}的总量和时间，认为数百万年的海水流体循环可以提供足够的 Mg^{2+}，使得几十千米厚的碳酸盐岩地层发生白云石化。渗透回流模式中的白云石化流体主要是由密度和地形驱动，在活跃回流过程中，高盐度海水主要在盐度梯度的驱动下逐渐替代沉积物中的原生水(connate water)，即在地表形成与海水离子浓度相似的水体(Adams and Rhodes，1960)。隐伏回流过程中的水体驱动来源于水体梯度差异，盐度高的流体更加深入地层，致使近地表岩层中水体梯度降低，吸入海水(Jones et al.，2003；Whitaker et al.，2004)。

第四节　渗透回流白云岩分布特征

以川东北二叠系—三叠系白云岩为例，泥晶—微晶白云岩主要发育于长兴组顶部，其成因与礁岩发育之后的环境逐渐局限有关。长兴组各个剖面顶部都有泥晶—微晶白云岩发育，有的孔隙度发育较好，如宣汉羊鼓洞(YG)长兴组剖面顶部的岩层孔隙度达 8%～

10%(图 3-9)。礁岩之上的准同生期白云岩是礁生长末期及其后海平面相对下降、礁后环境封闭、气候干旱、生物减少形成的泥晶—微晶白云岩。

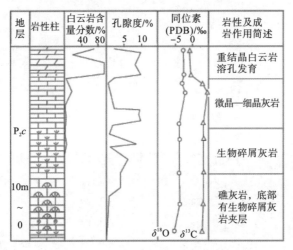

图 3-9 四川宣汉羊鼓洞二叠系长兴组碳酸盐岩地层柱状图及岩石地球化学特征

膏质云岩主要发育于嘉陵江组二段和四段,属于蒸发潮坪或蒸发台地的产物。在有些地方的飞仙关组也可见膏质云岩。膏质云岩普遍为膏云坪产物,通过卤水渗透回流白云石化机制形成。旺苍五权嘉陵江组二段和四段的白云岩为典型的膏质云岩(图 3-10)。嘉陵江组二段和四段白云岩通常发育成分为方解石的石膏或石盐假晶[图 3-11(a)],阴极发光明显区别于周边的白云石[图 3-11(b)]。由于环境相对封闭,所以环境能量低,缺乏生物化石,也缺乏高能带的颗粒岩。由于白云石化相对较快,所以矿物有序度较低。氧同位素变化不大,与原生的海相碳酸盐岩相近,但碳同位素波动范围较大,可能反映了去膏化作用或与断裂活动相关形成的方解石脉的特点。这类岩石在重结晶之后有可能形成晶间孔或溶孔,但在没有构造作用时溶孔连通性差。后期方解石脉的发育导致全岩和重结晶矿物 Ca、Mg 成分配比偏离理想值,所以 Ca 含量较高。

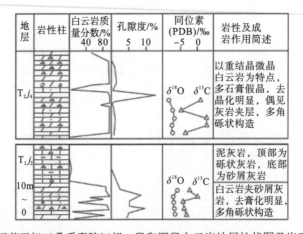

图 3-10 四川旺苍五权三叠系嘉陵江组二段和四段白云岩地层柱状图及岩石地球化学特征

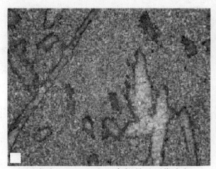 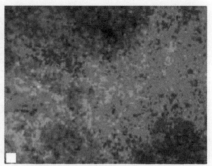

(a)嘉陵江组二段含石膏假晶及后期方解　　　(b)嘉陵江组二段膏云岩去膏化方解石阴
石脉的微晶白云岩，染色，10×4(–)　　　　　极发光特征，阴极发光照片，10×4

图3-11　嘉陵江组二段方解石镜下特征

第五节　渗透回流白云岩成因实例

以川东北地区飞仙关组渗透回流白云石化模式为例(图3-12)，台地边缘鲕滩构成堡岛，堡岛之后为潟湖。高海平面时，海水通过堡岛的狭口向内流动，受蒸发作用影响，这种向内流动的海水浓度(密度)会逐渐升高，Mg/Ca 增高，当密度达到一定程度时，高 Mg/Ca 的重卤水必然会向下和向障壁岛方向回流，从而导致潟湖内海底沉积物渗透回流白云石化。

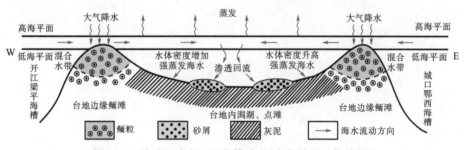

图3-12　渗透回流白云石化模式(川东北地区飞仙关组)

又如塔东寒武系白云岩的成因模式(图3-13)。早寒武世，塔东地区被海水覆盖，东西两侧的碳酸盐岩台地初步形成，海平面开始下降；中寒武世，海平面持续下降，碳酸盐岩

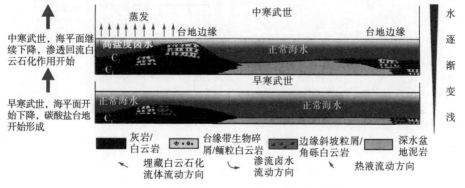

图3-13　渗透回流白云石化模式(塔东寒武系)

台地出现蒸发环境和潮坪环境，东西两侧台地边缘分别开始发生渗透回流白云石化作用，在两侧形成粉晶白云岩，中部由于处于深水盆地，不发生白云石化作用。

　　在一个局限或半局限的台地内部，蒸发作用产生的中等盐度流体在准同生期或早成岩期发生回流作用，交代或胶结形成白云岩。当蒸发作用较弱或海平面升高时，盐度较低，沉积物为灰岩[图 3-14(a)]；在海平面较高的时期，水体盐度较低，回流作用发生在沉积物的表面，形成准同生期白云岩[图 3-14(b)]；在海平面较低的时期，水体盐度较高，回流作用相对强烈，形成较大晶粒的白云岩[图 3-14(c)]。

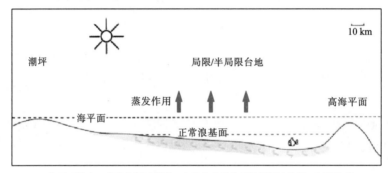

(a)海平面较高，蒸发作用不强烈，未发生中等盐度渗透回流作用，沉积灰岩

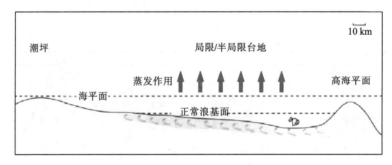

(b)海平面较高，蒸发作用强烈，发生中等盐度流体小规模回流作用，形成准同生期白云岩

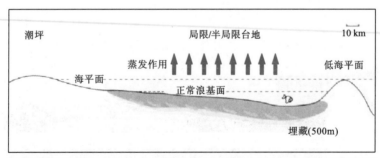

(c)海平面较低，蒸发作用强烈，发生中等盐度流体大规模回流作用，形成早成岩期白云岩

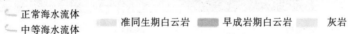

图 3-14　中等盐度下的渗透回流白云石化模型

第六节　渗透回流白云石化与储层关系

渗透回流白云石化作用可以形成优质的白云岩储层，而上覆蒸发岩常常形成盖层，通常所说的"盐下白云岩储层"就赋存于这类储盖组合之中。其储层的载体可以是台内的礁丘、礁滩、泥晶白云岩，也可以是台缘的礁滩复合体。白云石化往往具有组构选择性，保留原岩结构。储层发育于干旱气候背景，又经常受大气淡水淋溶作用的改造，往往位于高频旋回或三级旋回向上变浅序列的上部，侧向上与膏岩层相接触，垂向上被膏岩层覆盖。

通过对塔里木盆地部分井的岩心及薄片进行观察，发现目前所见到最典型的渗透回流白云岩储层见于 YH7X-1 井第 9 筒心 5827.61～5833.68m 井段[图 3-15（a）、图 3-15（b）]和 Fang1 井第 19 筒心 4598.20～4606.80m 井段[图 3-15（c）、图 3-15（d）]。渗透回流白云岩储层的岩石特征表现为：①岩性以颗粒白云岩及藻白云岩为主，较好地保留了原岩的颗粒、藻（丘）格架等结构[图 3-15（a）、图 3-15（f）]；②白云石晶体以粉晶为主[图 3-15（d）、图 3-15（f）]；③颜色以灰色、深灰色为主，明显较塞卜哈白云岩暗[图 3-15（a）、图 3-15（b）]；④常伴生硬石膏、石盐等蒸发盐类矿物充填或半充填的原生孔隙[图 3-15（a）、图 3-15（c）、图 3-15（g）]；⑤阴极发光以暗红色、褐色光为主，由于其形成于蒸发台地（潟湖）中，发光强度较塞卜哈白云岩强[图 3-15（h）]；⑥岩石的孔隙类型主要为残留粒间孔、格架孔、体腔孔[图 3-15（a）、图 3-15（d）、图 3-15（f）]或蒸发岩类矿物及未完全白云石化的文石质颗粒受到溶解形成的铸模孔[图 3-15（b）、图 3-15（c）、图 3-15（f）、图 3-15（g）]，对 76 个该类储层物性进行统计，10 个样品的孔隙度大于 4.5%，8 个样品的孔隙度为 2.5%～4.5%，12 个样品的孔隙度为 1.5%～2.5%，46 个样品的孔隙度小于 1.5%，其中孔隙度大于 2.5% 的样品数量约占总样品数的 24%。

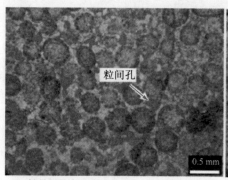

(a)粉晶鲕粒白云岩，粒间也被粉晶白云岩半胶结，残留较多的粒间孔，YH7X-1井，中寒武统阿瓦塔格组，铸体

(b)粉晶鲕粒白云岩，发育粒内孔、铸模孔，粒间基本被胶结完全，YH7X-1井，中寒武统阿瓦塔格组，铸体

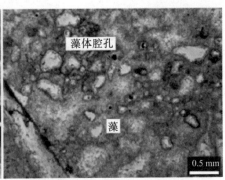

(c)粉晶藻丘白云岩，藻格架孔被硬石膏半充填，Fang1井，下寒武统玉尔吐斯组，铸体，正交偏光

(d)粉晶藻白云岩，藻格架孔被硬石膏部分充填或部分硬石膏被溶解，Fang1井，下寒武统玉尔吐斯组，铸体

(e)深灰色泥粉晶白云岩，见透明的盐晶体半充填孔隙，Kang2井，中寒武统沙依里克组，岩心

(f)深灰色泥粉晶藻白云岩，隐约见纹层状结构，硬石膏多顺层发育，局部发育硬石膏溶孔，Fang1井，下寒武统玉尔吐斯组，岩心

(g)灰色颗粒白云岩，颗粒由竹叶状颗粒、内碎屑组成，顺层分布，粒间胶结粉晶白云岩，发育颗粒溶蚀的铸模孔，TZ1井，上寒武统，岩心

(h)泥—粉晶藻白云岩，不均匀发棕褐、橘红色光；充填方解石以发棕色光为主，Kang2井，下寒武统肖尔布拉克组，阴极发光

图 3-15　塔里木盆地下古生界渗透回流白云岩储层孔隙发育特征

　　孔隙类型主要有颗粒铸模孔、粒间溶孔、石膏溶孔、未白云石化灰泥或文石的溶孔、残留粒间孔及格架孔。如果储层在后期的埋藏过程中受到叠加改造，还可因白云岩的重结晶作用形成晶间孔，埋藏岩溶作用形成晶间溶孔，构造应力作用形成裂缝。从孔隙类型及

成因可以得出渗透回流白云岩储层的成因机理和主控因素。储层形成于干旱气候条件下的陆棚潟湖蒸发环境，这是与塞卜哈白云岩储层的最大区别，渗透回流白云岩储层形成于水下，塞卜哈白云岩储层形成于水上。

对储层发育起控制作用的有渗透回流白云石化作用、石膏的沉淀作用、大气淡水导致的石膏-文石颗粒-未白云石化灰泥的溶解作用、白云岩重结晶作用、埋藏岩溶作用和构造裂缝作用，但主要控制作用是大气淡水导致的石膏-文石颗粒-未白云石化灰泥的溶解作用。

在侧向上，蒸发潟湖由陆地向障壁方向，蒸发盐沉积是逐渐减少的，向陆地的一侧可以是成层的膏岩沉积，向海一侧形成的储层序列也依次为石膏溶孔型泥晶白云岩储层（原岩为含石膏的潟湖相泥晶灰岩）、颗粒白云岩储层（石膏溶孔型和残留粒间孔型）、礁丘白云岩储层（格架孔可为石膏充填）、未白云石化礁滩复合体储层（图 3-16）。蒸发环境亮晶方解石胶结物的缺乏是大量原生粒间孔得以残留的重要原因。目前，塔里木盆地钻遇的井发现有礁丘白云岩储层（格架孔可为石膏充填，Fang1 井）、颗粒白云岩储层（YH7X-1 井），石膏溶孔型泥晶白云岩储层、石膏溶孔型颗粒白云岩储层在四川盆地的雷口坡组可见到，推测塔里木盆地在膏岩层和颗粒白云岩储层之间应该发育这两类储层。垂向上，随着气候的进一步干旱，膏岩层将向海一侧迁移，逐渐覆盖于下伏各类白云岩储层之上。这就导致了潟湖靠陆一侧，膏岩层下伏的碳酸盐岩往往未发生白云石化或仅发生弱白云石化作用（如 He4 井），而潟湖靠海一侧，膏岩层下伏的为渗透回流白云岩储层（如 Fang1 井），或者没有膏岩层的覆盖（如 YH7X-1 井）。由于渗透回流白云石化作用主要发生在水下，大规模石膏层的溶解和上覆白云岩层的垮塌现象并不多见，这也是与塞卜哈成岩环境的最大区别。渗透回流白云石化往往仍保留大量的膏岩层，如 He4 井、Fang1 井、Kang2 井及 Shan1 井，而塞卜哈白云石化中石膏层大多被溶解而消失。

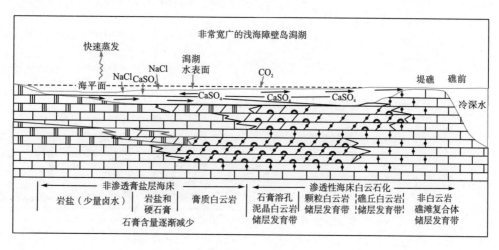

图 3-16　渗透回流白云岩储层发育模式图（据 Adams and Rhodes，1960）

第四章　埋藏白云石化模式

第一节　识 别 标 志

依据白云岩的产状，可将在埋藏环境中形成的常见白云石分为两大类：基质白云石和胶结白云石。基质白云石包括四种结构类型：粉—细晶、直面、自形—半自形、漂浮状白云石，细晶、直面、自形—半自形白云石，细—粗晶、曲面、他形白云石，粗晶、曲面、鞍形白云石。胶结白云石包括两种结构类型：细—中晶、直面、自形—半自形白云石胶结物，粗晶、曲面、鞍形白云石胶结物(表 4-1)，下面介绍其中五种类型。

表 4-1　埋藏环境白云石分类

特征	基质				胶结物	
	粉—细晶、直面、自形—半自形、漂浮状白云石	细晶、直面、自形—半自形白云石	细—粗晶、曲面、他形白云石	粗晶、曲面、鞍形白云石	细—中晶、直面、自形—半自形白云石胶结物	粗晶、曲面、鞍形白云石胶结物
晶体大小	粉—细晶	细晶	细—粗晶	粗晶	细—中晶	中—粗晶
晶型	自形—半自形	自形—半自形	他形	他形鞍形	自形—半自形	他形鞍形
晶面	直面	直面	曲面	曲面鞍形	直面	曲面鞍形
晶间关系	相互独立不接触	点面接触、直面接触	曲面接触	曲面接触	直面接触	曲面接触
形成时埋藏深度	浅埋藏	浅—中埋藏	中—深埋藏	一般情况为中—深埋藏	一般情况为中—深埋藏	一般情况为中—深埋藏
孔隙发育	中	中—好	差	中—好	中	中—好
成因	交代	以交代为主，胶结增生	交代、重结晶	热液白云石化流体强烈交代、重结晶	初期胶结	构造—热液作用白云石胶结
结构简图						

(一)粉—细晶、直面、自形—半自形、漂浮状白云石

该类型的白云石常见于富泥质灰岩中，以粉—细晶为主，自形—半自形，呈漂浮状分布于灰泥基质之中，单偏光下晶面较污浊，常具有亮边浊心结构，这是由于晶体核心部位

包含较多的方解石矿物包裹体和其他气、液相包裹体[图 4-1(a)]；正交镜下均匀消光；阴极发光变化范围较大，通常为橙红色(核心部位)—橙色(边缘)或橘红色。这种白云石主要出现在部分白云石化的灰岩中，这种灰岩孔隙类型主要为溶蚀孔，但后期常被方解石胶结导致孔隙度较低。该类白云石形成于浅埋藏阶段，形成时的环境温度低于晶体他形生长的临界温度(critical temperature)，白云石化流体对于白云石的过饱和程度要求也不高。

埋藏白云石化作用常常是优先在灰泥基质中有选择性地进行白云石化作用，这是由于灰泥基质中常常包含一些细小亚稳定态的碳酸盐矿物，如高镁方解石、文石。这些矿物比正常方解石更容易溶解，而且其比表面积较大(相对方解石等颗粒而言)，因此优先与白云石化流体发生作用，从而交代形成白云石晶核。晶核继续生长就形成了直面自形—半自形、漂浮状白云石；而较大的方解石颗粒则不容易被白云石化。该类型白云石也有可能是准同生期形成的泥—粉晶级的白云石晶核继续生长形成的。在这种基质中，有选择性的白云石化作用常常发生在低幅的压溶缝附近，因为压实作用常释离出少量的 Mg^{2+} 使沿缝合带内流体的 Mg^{2+} 浓度升高，常常形成局部白云石化斑块[图 4-1(b)、图 4-1(c)]。所以，这些白云石又称为"调节作用白云石"。由于压溶缝常出现于埋深大于 500m 的地层中，因此常把压溶缝的出现作为浅埋藏阶段的开始，这种浅埋藏环境形成的白云石一般出现在埋深 500～1000m 的地层中。

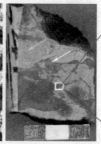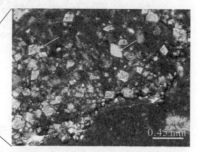

(a)显微镜照片显示细晶、直面、自形—半自形白云石漂浮于生物碎屑泥灰岩(茜素红染色)基质中，箭头所示较大的晶体可见亮边浊心结构，单偏光，桂林地区泥盆系唐家湾组

(b)部分白云石化的灰岩，白云岩斑块(橙色箭头)沿缝合线(白色箭头)不均匀地分布在灰岩(黄色箭头)中，塔北地区奥陶系鹰山组

(c)图(b)中沿缝合线局部(白框)在显微镜下的照片可见细晶、自形的交代白云石晶体(如箭头所示)散布在灰泥之中，沿低幅的压溶缝分布，塔北地区奥陶系鹰山组，单偏光

图 4-1 埋藏白云石化显微组构

(二)细晶、直面、自形—半自形白云石

该类型白云石以细晶为主，直面自形—半自形，常具有亮边浊心结构，晶体之间直线接触；正交偏光镜下均匀消光；阴极发光变化范围较大，通常为暗红色—橙红色或褐红色，有时显示明暗交替的环带。晶体之间相互连接或部分重叠，常以晶群或晶簇状产出，一般见于粗—细晶分布不均的相对较粗的斑状白云岩中。该类白云石的晶间孔较发育，但如果

孔隙未被烃类流体及时充注，后期常常被白云石或方解石胶结。该类白云石常常由第一种类型白云石演变而来的，在生成第一种类型白云石以后，当埋深继续增加，白云石化流体继续供给时，灰泥基质中的白云石漂晶继续增生，同时灰泥基质中将形成更多的白云石晶体，最终形成直面、自形—半自形白云石相互连接的晶群。如果白云石化作用比较充分，就形成所谓的"糖粒状结构"[图4-2(a)]。因此，这样的白云石具有一个交代成因的晶核和交替增生的晶壳。如果埋深继续增加，白云石化流体持续供给，这种类型的白云石会随着温度的升高、晶体竞争性生长以及局部压溶重结晶作用发生晶面曲面化。当压应力较高时，晶体内部还会产生花瓣状内核[图4-2(b)]。这种特殊结构的白云石是细晶、直面、自形—半自形基质白云石和后文将介绍的细—粗晶、曲面、他形白云石之间的一种过渡类型。以上两种类型的白云石均属于浅埋藏阶段白云石化的产物，其结构演化过程可以简化为如图4-3所示。

(a)细晶、直面、自形—半自形白云石，单偏光，塔北地区奥陶系鹰山组　　(b)细晶、花瓣状内核白云石，部分晶体晶面曲面化，单偏光，塔北地区奥陶系蓬莱坝组

图4-2　塔北地区埋藏白云岩镜下特征

(三)细—粗晶、曲面、他形白云石

该类白云石是分布最广泛的一种白云石结构类型，晶体粒径变化大，细—粗晶均可出现，曲面他形，单偏光镜下晶面较污浊，环带不明显，晶体之间曲线接触，正交偏光镜下均匀消光，阴极发光为淡—暗褐色或暗红色。该类白云石可由前两类白云石演变而来，也可由泥晶白云岩或灰岩在深埋阶段遇到高温白云石化流体(温度高于晶体他形生长的临界温度)后发生重结晶或交代作用形成。在上述细晶、直面、自形—半自形白云石生成以后，若埋深继续增加，环境温度升高至晶体他形生长的临界温度之上时，在白云石化流体供给充足的情况下，白云石晶体快速生长。晶体的竞争性生长和晶面的曲面化，加之压溶作用和局部重结晶作用，或者流体对于白云石的过饱和程度升高(或 Mg^{2+} 浓度升高)，都会造成过度白云石化，最终形成晶间曲面接触的镶嵌结构，这种白云石晶间孔隙稀少，结构致密(图4-4)。

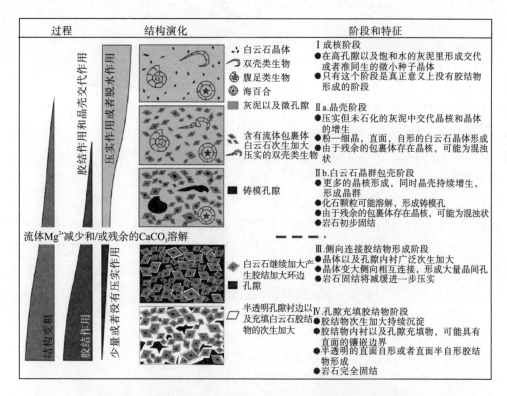

图 4-3　浅埋藏环境白云石化作用及白云石结构类型演化模式图

(a)粗晶、他形、曲面白云石，结构致密，晶间孔稀少，单偏光，桂林地区泥盆系唐家湾组　(b)粗晶、曲面、鞍形、基质白云石晶体，单偏光，塔北地区寒武系白云岩

图 4-4　过度白云石化造成白云石镶嵌接触

　　细—粗晶、曲面、他形白云石往往是白云岩中常见的类型，因为世界范围内白云岩主要分布于前寒武纪和古生代的碳酸盐岩地层中，这些白云岩埋藏很深或曾经埋藏很深，所以在深埋阶段(地温较高)一旦遇到充足的白云石化流体就常常会演化为这种曲面他形基质白云石。

（四）粗晶、曲面、鞍形白云石

这类白云岩主要由直径大于 0.25mm 的白云石组成，以晶体粗大为特征。其突出特点是厚度巨大，主体部分连续厚度达数十米至数百米。显微镜下晶体多数比较洁净明亮，少数呈混浊状，以半自形粒状镶嵌结构为主，晶体间多为凹凸接触；据 X 射线衍射分析，中、粗晶白云石的 $CaCO_3$ 摩尔分数为 50.0%～55.0%，平均为 52.1%；有序度很高，为 0.74～1.0，平均为 0.86；阴极射线下一般发均一的暗红色光。

此类白云石往往与鞍形白云石胶结物共生。因为在裂缝发育及热液供给充足时，不仅在孔洞、裂缝内沉积鞍形白云石胶结物，更重要的是裂缝体系内大量的白云岩或灰岩在热液作用下会发生强烈的重结晶或交代，从而形成这种曲面鞍形基质白云石。因此这种白云石往往形成于原始孔隙度比较高的碳酸盐岩中，并且接近流体运输通道（裂缝或断裂系统），而且在鞍形白云石基质形成的同时，热液会对围岩产生强烈的溶蚀作用，这就大大增加了原岩孔隙度以及孔隙和裂缝之间的连通性。如果这些孔、洞、缝后期未被胶结物填充，就会形成优质的储层。

（五）细—中晶、直面、自形—半自形白云石胶结物

该类白云石往往作为溶蚀晶洞和裂缝内首期胶结物内衬，以细—中晶为主，自形—半自形，单偏光镜下常见晶体内核比较污浊，可见亮环边，晶体之间直线接触。正交镜下均匀消光，阴极发光核部暗淡或发暗红光，边缘发暗红光或暗淡无光。

这类白云石形成环境温度不太高，白云石化流体的过饱和度也不高，因此晶体能够缓慢地生长，保持较好的自形程度，晶体内部气液相包裹体较少见，而且均一温度略低于鞍形白云石胶结物中的包裹体均一温度。如果在白云石化流体增温或 Mg^{2+} 浓度升高的情况下，这种白云石晶体可能成为后期鞍形白云石胶结物的晶核；但若流体升温过快（或后期流体温度明显高于前期流体温度），就会使原来的晶体发生重结晶，晶面发生曲面化，最终向鞍形白云石胶结物过渡。因此，在热液白云石化作用比较强烈的情况下，这种白云石类型较少见。

埋藏成因的白云岩是塔里木盆地分布最为广泛的一种白云岩。从发育地区来看，塔北、塔中、巴楚和塔东地区都发育。从发育层位来看，寒武系—下奥陶统都普遍发育。埋藏白云岩主要是在埋藏环境下白云石交代灰岩而白云石化或是早期白云石重结晶的产物，与塞卜哈及渗透回流白云岩有明显的区别（图 4-5），其特征如下。

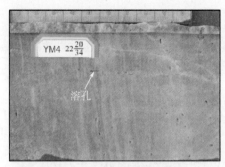

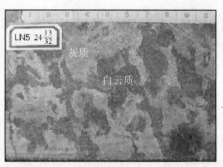

(a)灰色中晶白云岩，岩心表面呈砂糖状，隐约见纹层状结构，针孔顺层分布。YM4井，5129.95 m，上寒武统丘里塔格组，岩心

(b)灰色白云质含砂屑泥晶灰岩，沿缝合线、生物扰动，条带发生白云石化（深色处）。LN5井，5685.0 m，下奥陶统鹰山组，岩心

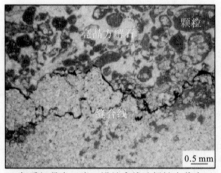

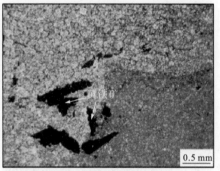

(c) 灰质细晶白云岩，沿缝合线选择性交代白云石化，灰泥被白云石化，颗粒部分被白云石化，亮晶不被白云石化。LN5井，5685.41m，下奥陶统鹰山组，单偏光

(d)细晶白云岩，黄铁矿呈斑块状分布，白云石晶间可见有机质。ML1井，5298.38 m，上寒武统突尔沙克塔格组，单偏光

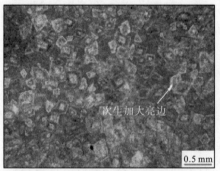

(e)灰质细—中晶白云岩，半自形—自形晶，次生加大亮边结构，晶间为未白云石化而被染色的灰泥。TZ408井，4164.33 m，下奥陶统蓬莱坝组，单偏光

(f)中—粗晶白云岩，白云石半自形—自形晶，雾心亮边结构，晶间孔和晶间溶孔发育。YM4井，5129.2 m，上寒武统丘里塔格组，铸体片，单偏光

图 4-5　塔里木盆地埋藏白云岩岩石特征

　　(1)白云石晶体多为细晶以上，宏观上常呈砂糖状结构[图 4-5(a)]。

　　(2)斑块状、准层状和条带状白云石化，灰岩中的泥质条纹、虫孔充填物往往优先白云石化[图 4-5(b)、图 4-5(c)]；发生埋藏白云石化的深度并不需要很大，最初的埋藏白云石化往往是白云石晶体零星状散布于灰岩中，而且早于压溶作用，灰岩被压溶后导致白云石沿缝合线的富集就是最好的例证。

(3)泥晶灰岩比颗粒灰岩更易白云石化，压溶作用也最易发生于两种岩性的交界面上，故常见沿缝合线一侧的泥晶灰岩先白云石化，另一侧的颗粒和亮晶方解石不易被白云石交代[图 4-5(c)]。

(4)显微镜下常见黄铁矿斑块、沥青质、有机质[图 4-5(c)]、[图 4-5(d)]，代表形成于埋藏还原环境。

(5)晶体常见环带状次生加大亮边[图 4-5(e)]和雾心亮边结构[图 4-5(f)]。

埋藏白云岩可以形成于浅埋藏、深埋藏的各个阶段，是埋藏成岩环境长期的交代作用和重结晶作用的产物。原岩结构越粗，埋藏深度越大，作用时间越长，白云石化程度越高，白云石晶粒就越粗。

第二节　岩石地球化学特征

一、微量元素

以塔中北部 Zhong 1 井区奥陶系白云岩为例，对 Zhong 1 井区的下奥陶统白云岩常量与微量元素进行分析后发现(表 4-2)，Zhong 1 井粉—细晶白云岩和细晶白云岩成分基本接近纯白云岩的理论化学成分(Mg 的质量分数为 21.7%，CaO 的质量分数为 30.4%)，说明白云岩是在溶液 Mg/Ca 低的中低盐度环境中形成的，而 Zhong 12 井及 Zhong 13 井样品主要为云灰岩。另外，粉—细晶白云岩中的 Mn/Sr 平均为 0.27，而云灰岩中的 Mn/Sr 为 0.39，均低于 2，说明其后期改造不强，主要组分能够代表早期沉积环境。粉—细晶白云岩中 Na_2O 的质量分数为 0.06%~0.10%，平均为 0.07%；K_2O 的质量分数为 0.07%~0.13%，平均为 0.10%；Fe_2O_3 的质量分数为 0.12%~0.28%，平均为 0.19%；Mn 含量为 $(29~54)\times10^{-6}$，平均为 42×10^{-6}；Sr 含量为 $(104~205)\times10^{-6}$，平均为 155×10^{-6}；F 含量为 $(223~297)\times10^{-6}$，平均为 345×10^{-6}。与蒸发岩有关的超盐水白云岩 Sr 的含量大于 550×10^{-6}，埋藏白云岩的含量为 $(66~170)\times10^{-6}$，混合带白云岩的含量为 $(70~250)\times10^{-6}$。因此，从相对低的锶含量和锰含量来看，主要属于混合带或埋藏白云岩范畴，说明大气成岩过程较弱(否则会造成海相碳酸盐锰含量的增加)。

表 4-2　Zhong 1 井区下奥陶统白云岩主要氧化物及微量元素的质量分数

井号	样号	埋深/m	岩性描述	主要氧化物的质量分数/%					微量元素的质量分数/($\times10^{-6}$)			$m(Fe)/m(Mn)$
				CaO	MgO	K_2O	Na_2O	Fe_2O_3	Mn	Sr	F	
Zhong 1	Zhong 1-110	5366.8	粉晶白云岩	30.03	17.25	0.13	0.07	0.23	40	104	246	41
	Zhong 1-112	5367.1	粉晶白云岩	30.09	17.79	0.10	0.07	0.18	37	170	223	34

井号	样号	埋深/m	岩性描述	主要氧化物的质量分数/%					微量元素的质量分数/(×10⁻⁶)			$m(\text{Fe})/m(\text{Mn})$
				CaO	MgO	K₂O	Na₂O	Fe₂O₃	Mn	Sr	F	
	Zhong 1-116	5368.8	粉—细晶白云岩	29.15	17.25	0.07	0.06	0.12	29	205	297	29
	Zhong 1-119	5370.9	细晶白云岩	28.08	18.73	0.10	0.10	0.28	54	124	234	36
	Zhong 1-120	5371.4	粉—细晶白云岩	28.28	18.34	0.10	0.07	0.19	44	145	246	30
Zhong 13	Zhong 13-57	5371.6	粉—细晶白云岩	28.08	17.13	0.09	0.06	0.16	48	182	223	23
	Zhong 13-63	5846.4	灰色灰质白云岩	45.00	9.32	0.11	0.07	0.06	23	165	211	52
	Zhong 13-66	5971.9	灰色灰质白云岩	31.40	15.94	0.21	0.14	0.19	52	101	334	73
	Zhong 13-71	5973.8	褐灰白色白云岩	32.20	15.08	0.19	0.11	0.19	48	109	556	79
	Zhong 13-77	5977.3	褐灰色白云岩	36.10	12.85	0.25	0.09	0.20	65	223	370	62
Zhong 12	Zhong 12-65	5512.8	灰色粉晶白云岩	30.70	11.99	0.13	0.07	0.09	80	89	234	23

注：Mn、Sr、F 为微量元素；$m(\text{Fe})/m(\text{Mn})$ 为 Fe 与 Mn 的质量比

二、碳氧同位素

Zhong 1 井区下奥陶统鹰山组白云岩碳氧同位素特征是 $\delta^{13}C$ 为-3.6‰~-1.2‰，平均为-2.0‰；$\delta^{18}O$ 为-10.8‰~-3.6‰，平均为-6.8‰；成岩温度平均为 51.6℃（表 4-3）。根据碳氧同位素值可知，大部分白云岩形成于中低温环境，为埋藏环境的产物。Zhong 1 井区下奥陶统鹰山组白云岩中的溶蚀孔洞方解石充填物的 $\delta^{13}C$ 为-3.8‰~-1.4‰，平均为-2.2‰；$\delta^{18}O$ 为-8.6‰~-4.5‰，平均为-7.1‰。成岩温度平均为 53.2℃（表 4-3），相比 Zhong 1 井区的其他探井，Zhong 1 井下奥陶统鹰山组白云岩中碳氧同位素值略偏负，可能代表其埋藏深度略深，而方解石充填物的碳氧同位素值同围岩相比，为偏负，也指示其形成于埋藏成岩条件。

表 4-3 Zhong 1 井区下奥陶统鹰山组白云岩碳氧同位素分析

井号	样号	埋深/m	岩性	$\delta^{13}C$/‰	$\delta^{18}O$/‰	Z	成岩温度/℃
	Zhong 1-10	5366.9	粉晶白云岩	-2.4	-8.7	118.1	61.9
	Zhong 1-12	5367.2	粉晶白云岩	-2.8	-9.3	116.9	65.1
Zhong 1	Zhong 1-19	5370.9	细晶白云岩	-1.7	-6.8	120.4	51.6
	Zhong 1-20	5371.4	粉细晶白云岩	-1.5	-7.0	120.7	52.7
	Zhong 1-21	5371.6	粉细晶白云岩	-1.7	-7.4	120.1	54.8

井号	样号	埋深/m	岩性	$\delta^{13}C$/‰	$\delta^{18}O$/‰	Z	成岩温度/℃
Zhong 12	Zhong 12-65	5612.9	灰色粉晶云岩	-1.5	-6.8	120.8	51.6
	Zhong 12-69	5614.9	粉细晶云灰岩	-1.5	-4.3	122.1	38.1
Zhong 13	Zhong 13-36	5593	灰色云化灰岩	-1.8	-3.6	121.8	34.3
	Zhong 13-48	5726.5	灰黑粉细晶云岩	-1.4	-7.6	120.6	55.9
	Zhong 13-50	5726.6	灰色云灰岩	-1.2	-7.4	121.2	54.8
	Zhong 13-57	5846.4	灰色灰质白云岩	-1.7	-6.4	120.6	49.4
	Zhong 13-63	5971.9	灰色灰质白云岩	-2.1	-6.0	120.0	47.3
	Zhong 13-66	5973.8	褐灰色白云岩	-2.1	-5.6	120.2	45.1
	Zhong 13-71	5977.3	褐灰色白云岩	-2.4	-5.1	119.8	42.4
	Zhong 13-72	5977.9	灰色灰质白云岩	-3.6	-10.8	114.5	73.2
	Zhong 13-73	5978.8	褐灰色白云岩	-2.6	-5.8	119.1	46.2
Zhong 1	Zhong 1-15	5368.40	溶孔方解石	-1.5	-6.4	121.0	49.4
	Zhong 1-17	5368.98	溶孔方解石	-1.4	-4.5	122.2	39.1
Zhong 12	Zhong 12-61	5578.88	溶洞方解石	-2.5	-8.0	118.2	58.1
Zhong 13	Zhong 13-44	5725.00	溶洞方解石	-3.8	-7.8	115.6	57.0
	Zhong 13-54	5845.20	溶洞方解石	-2.0	-8.6	118.9	61.3

前人提供了塔里木盆地下奥陶统白云岩碳氧同位素值以及成岩温度。其中，准同生、浅埋藏和深埋藏成因分别对应了 $\delta^{13}C$ 为-1.64‰～-0.5‰，平均为-1.44‰，$\delta^{18}O$ 为-6.65‰～-4.04‰，平均为-5.16‰；$\delta^{13}C$ 为-1.98‰～-1.5‰，$\delta^{18}O$ 为-7.55‰～-5.20‰；$\delta^{13}C$ 为-3.02‰～-0.37‰，$\delta^{18}O$ 为-10.02‰～-7.17‰。

从表 4-3 还可以看出白云岩及溶解-胶结物(充填物)形成的平均温度为 53.2～73.2℃，推测其胶结深度为 1000～2000m，因而它主要发生于埋藏成岩环境中。

三、锶同位素

Zhong 1 井区下奥陶统鹰山组白云岩的 $^{87}Sr/^{86}Sr$ 为 0.70920，变化范围为 0.70902～0.70950；上奥陶统良里塔格组灰岩的 $^{87}Sr/^{86}Sr$ 为 0.70976，变化范围为 0.70893～0.71099，反映了它们是在正常的海水或压实后的卤水中、较少的陆源碎屑(硅铝质岩)环境中沉积的。与上奥陶统良里塔格组灰岩沉积时的环境相比，下奥陶统白云岩中相对低的 $^{87}Sr/^{86}Sr$，反映陆源碎屑输入更少。这与前人得出的认识基本相同。

前人应用地球化学方法对塔河地区寒武系白云岩进行过较为全面、系统的研究，现以其为例。

（一）白云石有序度

对该区埋藏期白云岩 X 射线衍射特征进行分析可知，晶粒较小的白云石的结晶有序度较低；而中—粗晶白云石、不等晶白云石的结晶有序度相对较高，可达到 1。YQ6 井结晶有序度偏低，可能与 Mg^{2+} 浓度偏低有关（表 4-4）。

表 4-4　YQ6 井寒武系中—深埋藏期白云岩 X 射线衍射结晶有序度

深度／m	岩性	摩尔分数/%		结晶有序度	成岩阶段
		CaCO₃	MgCO₃		
7116.60	中—细晶白云石	51.18	48.82	0.70	
7117.20	粗—中晶白云石	51.91	48.09	0.69	
7117.38	中—细晶白云石	51.98	48.02	0.68	中—深埋藏期（白云石结晶有序度平均为 0.73）
7118.70	不等晶白云石	51.55	48.45	0.78	
7119.20	中—粗晶白云石	51.45	48.55	0.88	
7315.36	网状缝充填白云石	52.45	47.55	0.67	

（二）微量元素分析

对 TS1 井、YQ6 井全岩微量元素进行测试分析，结果反映出寒武系白云石的 Ba、Mn、Cu、Sr、Zn、K、Ni、Rb、Cr、Pb、Fe、Ca、Mg、V、La、Al、B 等元素具有相同的变化趋势。随着 Fe 含量的增加，Mn 的含量也增加，两者呈明显的正相关。对比岩石的成岩作用发现，随着成岩作用的进行，Fe 和 Mn 的含量都有增加的趋势；而且在经过热液改造过的岩石中，Mn 的含量似乎增加更为明显（图 4-6）。

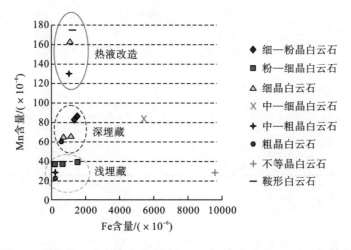

图 4-6　TS1 井、YQ6 寒武系不同白云石中 Fe 含量和 Mn 含量的关系

(三)碳氧同位素特征

TS1 井和 YQ6 井寒武系埋藏期基岩白云石及充填于溶蚀孔(洞)、缝内的白云石的碳氧同位素统计结果如表 4-5、表 4-6 所示。

表 4-5　TS1 井寒武系埋藏期白云岩中白云石碳氧同位素分析统计

白云石产状	深度 / m	岩性	$\delta^{13}C(PDB)$/‰	$\delta^{18}O(PDB)$/‰
基质白云石[$\delta^{13}C(PDB)$平均为 -0.52‰，$\delta^{18}O(PDB)$平均为-8.49‰]	7102.53	粗一中晶白云石	-0.60	-9.10
	8406.70	中一粗晶白云石	-0.43	-7.88
溶蚀缝半充填自形晶白云石	7875.80	中一粗晶白云石	-0.99	-8.64
	7876.22	中一粗晶白云石	-0.91	-8.13
	8405.05	中一粗晶白云石	-0.43	-8.48
	8407.50	中一粗晶白云石	-0.26	-9.03
小溶洞半充填白云石	8406.90	中一粗晶白云石	-0.61	-8.69
	8407.70	中一粗晶白云石	-0.43	-9.88

表 4-6　YQ6 井寒武系埋藏期白云石、方解石的碳氧同位素分析统计

白云石产状	深度 / m	岩性	白云石粒径 / mm	$\delta^{13}C(V\text{-}PDB)$/‰	$\delta^{18}O(V\text{-}PDB)$/‰
基质白云石 [$\delta^{13}C(V\text{-}PDB)$平均为-0.71‰，$\delta^{18}O(V\text{-}PDB)$平均为-9.62‰]	7116.60	中一细晶白云石	0.16～0.32	-0.7	-8.9
	7117.09	中一细晶白云石	0.16～0.32	-0.6	-9.7
	7117.83	粗一细晶白云石	0.25～0.83	-0.7	-9.6
	7118.25	砂屑中一细晶白云石	0.16～0.50	-0.6	-9.0
	7118.45	细晶白云石	0.12～0.25	-1.0	-9.6
	7118.70	粉一细晶白云石	0.06～0.20	-0.6	-9.5
	7119.20	粉一细晶白云石	0.06～0.20	-0.6	-9.6
	7119.34	不等晶白云石	0.16～0.72	-0.6	-9.7
	7119.37	细一中晶白云石	0.16～0.40	-0.7	-9.5
	7119.53	不等晶白云石	0.08～0.96	-0.9	-9.4
	7119.85	不等晶白云石	0.10～0.88	-1.0	-11.3
缝内白云石	7115.30	中一细晶白云石	0.10～0.50	-0.9	-9.6
	7116.50	细一中晶白云石	0.16～0.50	-0.7	-9.1
孔隙内方解石	7315.14	细一粉晶白云石	—	-0.9	-6.4
	7315.18	碎裂化粉一细晶白云石	—	-0.7	-8.1
	7315.46	细晶白云石	—	-1.4	-10.9

(四)包裹体分析

包裹体分析表明，无论是中一细晶白云石还是充填于裂缝、溶洞中的中、粗、巨晶白云石和方解石，均含成群分布的原生盐水包裹体。可供测温的原生气-液两相盐水包裹体，气液比为 5%～10%，包裹体组合以气-液两相含烃包裹体为主，有少量液烃包裹体。包裹

体均一温度最低为77.5℃，最高为152.5℃，主要温度集中在100～150℃，峰值出现在110～120℃；冰点温度最低为-20.2℃，最高为-5.0℃，较均匀地分布在-5.0～20.0℃；对应盐度（NaCl）为7.86%～22.5%，峰值出现在9.2%～15.0%。方解石中的包裹体均一温度分布范围比较广（87.5～152.5℃），集中分布在100～150℃，峰值在100～110℃，主要形成于3个温度区间。而在100～120℃，盐度突升至20.22%～21.68%，是矿物大量结晶析出充填时期，白云石边缘的包裹体均一温度表现为3个温度区间导致的。由冰点温度的变化可以看出，白云石最后生长时期的孔隙水和盐度是变化的，与方解石的盐度变化都在一个范围内，反映了方解石形成时的孔隙水盐度和白云石形成时的孔隙水盐度是一致的。

白云石内部的包裹体均一温度最低为95.7℃，最高为152.5℃，峰值为110～120℃。仅在均一温度为110～130℃时测得对应的冰点温度，分布范围为-8.5～20.2℃。该均一温度范围内的冰点温度变化范围要较白云石边部和方解石包裹体的变化区间大，表明白云石在结晶时孔隙水的温度变化较大。

无论是在白云石内部还是边部，包裹体的均一温度变化区间都较大，盐度变化也明显，而且都有均一温度在100℃以下的包裹体存在。因此，白云石的包裹体均一温度反映了埋藏期白云石化作用的特征，同时也反映了热液对白云石改造作用的存在。

据包裹体冰点温度的测定，不同均一温度区间的冰点温度是不相同的，说明这些矿物在结晶过程中孔隙水是变化的，且随着均一温度和结晶过程的变化而变化。从均一温度和盐度之间的关系（图4-7）可以看出，鞍形白云石形成时的孔隙水盐度相对比较集中，变化不大；白云石内部或边缘的包裹体形成的盐度变化区间大，但是形成均一温度相对集中，说明白云石的结晶环境对盐度的要求并不苛刻，在很大的盐度范围内都可以形成，同时也说明白云石在结晶过程中孔隙水是在不断变化的。而方解石形成时孔隙水的盐度分布在相对高盐度和相对低盐度两个区域，以相对低盐度区域为主。

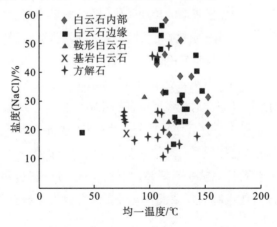

图4-7　塔里木寒武系不同岩石包裹体均一温度与盐度的关系

白云石是在形成之后沉淀的，热液的盐度因矿物的不断沉淀而变低。包裹体的均一温度一般随着深度的加大而增加，但是在塔河地区均一温度与埋深的关系图中并没有出现这样明显的趋势(图 4-8)。这一特征表明，含包裹体矿物的分布与埋深的关系不明显，佐证了方解石和大量白云石的形成与热液的关系密切，仅与热液的运移过程和热液流过的岩石有关，并不反映深度增加使均一温度升高的现象。

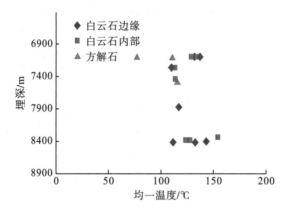

图 4-8　TS 1 井含包裹体矿物的均一温度与埋深的关系

第三节　埋藏白云石化作用发生的主控因素

本节以鄂尔多斯盆地奥陶系马家沟组白云岩为例，说明埋藏白云石化作用形成的机制及控制因素。

(1)关于 Mg^{2+} 来源的问题。发生埋藏白云石化作用所需的 Mg^{2+} 来源是多方面的。就本区马家沟群中部、马四组的块状白云岩而言，在盆地中央庆阳古隆起上，在马四期发生准同生期白云石化作用时，形成的大量富余的高镁封存水，成为后期白云石化作用的主要 Mg^{2+} 来源。

(2)关于介质运移通道问题。在庆阳古隆起和盆地北部的伊盟古隆起之间的鞍部地带，即定边至鄂托克旗一带，由于加里东期的长期风化剥蚀，马四组直接位于奥陶系顶部的不整合面之下。此区域不整合面的存在为浅滩相颗粒石灰岩在深埋藏阶段完全彻底的白云石化提供了很好的介质运移通道。在马四期沉积时，由于海平面的多次波动，曾出现多次沉积间断。当碳酸盐沉积物固结或半固结的石灰岩处于间歇性暴露时，在表生淡水淋滤作用下，形成了在垂向上呈多层发育的溶蚀孔隙。这些多层发育的孔隙，在加里东阶段抬升期间，经历长达1 亿多年的古岩溶改造。这样在不整合面及其之下数百米的深度范围内形成的多层溶蚀孔隙，为后期长时间的白云石化作用提供了有效的介质流通的空间和通道。

据方少仙等(1999)对黔桂泥盆—石炭系白云石化模式的研究，埋藏成岩环境白云石化过程实质上是多种白云石化机制的复杂混合式叠置，总体上可概括为两种模式。

第四节　压实排挤流白云石化模式

Mattes 和 Mountjoy(1980)根据米埃特礁周边发生白云石化的情况，认为引起白云石化的溶液是作为周围地层压出的地层水进入礁体孔隙的。在埋藏成岩环境中，灰泥、泥质、硅质以及细粒碳酸盐沉积物受压实的强度大，压实排挤出的含 Mg^{2+} 的流体向遭受压实作用较弱的侧向和上方运移，并引起碳酸钙沉积物白云石化。在压实排挤流的白云石化过程中，常常有其他来源的 Mg^{2+} 加入，使溶液中的 Mg^{2+} 浓度增大，或有其他引发白云石化的机制参与作用，促使白云石化作用的完成与完善。根据研究区这类成因白云岩的岩石学及地球化学特征，可将压实排挤流白云石化模式细分为两种模式。

(1)调整-压实排挤流模式。该类白云石化模式中镁的来源有 3 种：①沉积物孔隙中封存的富含 Mg^{2+} 的海水；②在浅埋藏成岩环境中，黏土矿物转化时有一定数量的 Mg^{2+} 析出进入孔隙水中；③碳酸钙沉积物中的高镁方解石质以及文石质生物骨壳、颗粒、灰泥发生矿物转化时伴生 Mg^{2+} 的出溶。正是上述多种来源的富镁孔隙水在压实作用下被排挤进入碳酸钙沉积物后，引起强烈的白云石化作用。鉴于上述 Mg^{2+} 来源的混合成因，将其命名为调整-压实排挤流白云石化作用。

(2)有机质参与的压实排挤流模式。在晚成岩作用阶段的早期(对应中埋藏成岩环境)，有机质正由未成熟阶段向成熟阶段演化，有机酸丰度剧增，除引起溶蚀作用，由于有机质已开始发生裂解脱羟作用，形成小分子量的烃类、H_2S、H_2O 和 CO_2 等物质一起进入沉积物富镁孔隙水中。一些烃可以在 $80\sim120℃$ 的流体相中存在。这些因素不仅使孔隙水中 CO_2 的含量增加，而且还在一定范围内促使碱的储备量增加，导致镁盐饱和于溶液之中并沉淀下来。所以，有机质在压实排挤流白云石化过程中起着重要作用(图 4-9)。

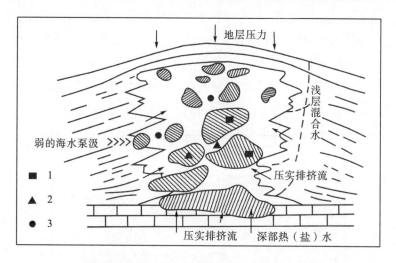

图 4-9　生物礁中有机质参与的压实排挤流白云石化模式

1.矿物调整提供 Mg^{2+}；2.有机质氧化提供 Ca、CO_2；3.碳酸盐还原提供 HCO_3^-

在中埋藏成岩环境中，由于温度、压力和埋深均较浅埋藏成岩环境有所升高和增加，孔隙中的流体流动速度较慢，在孔隙中停留的时间较长，因而白云石的交代、次生加大和重结晶作用均较充分，从而导致形成细—中晶、中晶或不等晶镶嵌结构的糖粒状白云岩，颗粒的幻影构造和假象仍较常见。白云石晶体内以及某些白云石晶体的环带和雾心白云石晶体的亮边中伴生有机液体和气体包裹体，表明在白云石形成过程中烃类正在形成和发生运移，从而被包裹于白云石晶体中。液体包裹体为 5～10μm，为长方形、菱形，少数为凸形，多为无色，少数为灰色；均一温度较高，变化范围为 90～110℃。气-液两相包裹体的大量存在再次证明这一阶段白云石化作用与有机质演化及烃类运移有密切联系，所以称其为有机质参与的压实排挤流白云石化作用。

第五节　以热(盐)水为主的混合(水)白云石化模式

当渐进埋藏作用发展成为中深埋藏成岩环境后，白云石化作用的特征表现在两个方面。一方面是对敏感性差的组分和未被交代的残余沉积物组分继续完善和完成白云石化；另一方面是在浅埋藏及中埋藏成岩环境中已白云石化的组分进一步发生重结晶或次生加大。在此成岩期形成的白云岩具有粗晶、中(巨)粗晶自形或半自形镶嵌结构及雾心亮边、环带组构。由于有机质仍处于成熟阶段的晚期，烃类仍以液态为主，液体包裹体均一温度较中埋藏环境高，已达 117～140℃，包裹体为无色，长形，5～25μm。

以热(盐)水为主的混合(水)白云石化模式进入深埋藏成岩环境后，沉积物已处于晚成岩作用的晚期阶段，残余孔隙水已数量不多，压实排挤流作用已不明显或不占主导地位。因此，发生白云石化的首要问题是要有新的富镁流体的补充。研究区碳酸盐台地边界均受深断裂控制，借助这些断裂通道，处于深部的富镁热水及后来的热盐水先后向上运移进入沉积物或已白云石化的弱固结沉积物中，有时可能还有浅部地层淡水沿此通道下渗，它们与原有残余孔隙水形成一种新的混合流体，成为富镁溶液补给的新途径，使溶液的 Mg^{2+}/Ca^{2+} 有较大辐度增加，从而为新的白云石化作用发生提供了物质来源。这一白云石化作用可称为以埋藏热(盐)水为主的混合(水)白云石化作用(图4-10)。

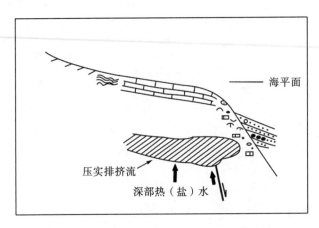

图 4-10　以埋藏热(盐)水为主的混合(水)白云石化模式

第六节　埋藏白云石化与储层关系

　　埋藏白云石化作用可以发生于埋藏成岩环境的各个阶段，并形成优质储层，总体上具非组构选择性和晶粒较粗大的特点。而且随埋藏深度的加大、作用时间的加长，晶粒有变粗的趋势。埋藏白云岩储层的载体是各种晶粒大小的结晶白云岩，以中—粗晶白云岩为主，原岩可以是各种石灰岩被白云石化成岩介质交代的产物，并进一步重结晶，使晶粒变粗变大，也可以是形成于同生期或准同生期的白云岩重结晶的产物。虽然埋藏成岩相控制储层的发育和分布，但大量案例反映出埋藏白云岩主要沿陆棚边缘分布，如加拿大西部沉积盆地泥盆纪 Nisku 陆棚、Cooking Lake 台地、Swan Hills 台地和 Presquile 障壁等，可能与埋藏流体的运动主要集中在沉积期或沉积后不久建立起来的高孔隙度-渗透率带有关。

　　塔里木盆地大量薄片观察表明，发生埋藏白云石化作用的门限深度不需要很大。埋藏早期的白云石化产物是白云石呈零星状散布于石灰岩中，泥晶结构的石灰岩比颗粒结构的石灰岩更容易发生白云石化。随着压溶作用的进行和灰质组分的溶解，这些呈零星状散布的白云石可以沿着缝合线富集。埋藏环境中，温度和压力的升高有利于白云石化作用的发生。关于白云石化在孔隙的形成和破坏中的作用，长期以来都是个争论不休的话题。Murray（1960）研究了加拿大萨斯喀彻温省 Charles 组 Midale 层白云石质量分数与孔隙度的密切关系。这个实例表明，最初，随着白云石质量分数的增加，孔隙度下降，直到白云石质量分数达到 50%；之后，随着白云石质量分数的增加，孔隙度增加。Murray 解释白云石化之所以可以影响孔隙度，是因为方解石的溶解为白云石化作用发生提供了碳酸盐岩物源。Midale 层最初是灰泥，对于白云石质量分数小于 50% 的样品，未白云石化的灰泥在埋藏过程中被压实，"漂浮"的白云石菱面体占据了孔隙，随着白云石化程度的增强，孔隙度下降。但当白云石质量分数达到 50% 时，白云石菱面体开始担当支撑格架的作用，阻止了压实，并随白云石质量分数的增加，孔隙度也增加。白云石菱面体之间的方解石消失是理解与白云石相关的孔隙的关键。如果白云石菱面体间方解石的消失是由于溶解作用，那么孔隙度的增加是一次特别的成岩事件。该成岩事件只影响具有特定的地质和埋藏背景的白云岩地层，如沿不整合面的暴露并伴有大气淡水潜流带的溶解作用。如果白云石化完全是分子对分子的交代，碳酸盐的来源也很局限，那么方解石向较大比重的白云石转化时，会导致孔隙度增加 13%。塔里木盆地埋藏白云岩储层非常发育，以中—粗晶白云岩为主，孔隙类型主要有晶间孔和晶间溶孔（图 4-11）。晶间孔是埋藏白云石化作用的产物，可以由白云石晶体间灰泥溶蚀形成，也可以由石灰岩被白云石交代后密度增大、体积缩小形成，白云石的重结晶作用也可以形成晶间孔。晶间溶孔是埋藏岩溶作用的产物，是白云石晶体非组构选择性溶解导致晶间孔的溶蚀扩大。

　　需要指出的是，发生埋藏白云石化作用需要地下热液参与。按其性质可将地下热液分为两类：埋藏热液和深源热液。埋藏热液是指在正常埋藏背景下，岩石-水相互作用形成的卤水、烃类成熟形成的有机酸和硫化氢等介质，随埋深加大，形成温度很高的热流体；深源热液是指通过热液通道(如不整合面、断裂及渗透性好的岩石等)从深部运移来的热液，其温度高于成岩环境的背景值。埋藏白云岩储层主要是指埋藏热液作用的产物，后面将要论述的热液白云岩储层主要是指深源热液作用的产物。从孔隙的类型及成因可以分析埋藏白云岩储层的成因机理和主控因素，埋藏白云石化储层形成于埋藏成岩环境的开放体系中，对储层发育起控制作用的主要有埋藏白云石化作用和埋藏岩溶作用，以及晚期深源热液作用和构造裂缝作用的叠加改造(图 4-11)。

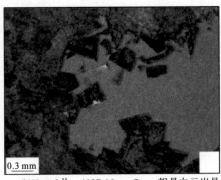

(a)ML1井，5524.5m，-€3；中—粗晶白云岩晶间孔   (b)Kang2井，4137.46m，O_1p，粗晶白云岩晶间孔被溶蚀扩大成晶间溶孔

图 4-11　塔里木盆地下古生界埋藏白云岩储层孔隙发育特征

第五章 热液白云石化模式

热液(hydrothermal)，指热的流体。White(1957)把热液定义为比周围环境温度要温暖的水(≥5℃)，比周围(母岩)环境温度高至少 5℃以上的热液流体交代母岩(石灰岩)形成的产物，叫热液白云岩。然而形成热液白云岩的重要因素除了热液流体，还有其他因素，如断裂作用和构造裂缝作用等，它们是热液流体运移和传导的基础。所以，一些研究者提出温压白云岩的概念。热液白云岩是在提高孔隙流体压力下(压力增加率或瞬时值)和在剪切应力状态下才被交代的。一些研究者强调热构造(thermotectonic dolomite)和热流(thermoflux dolomite)(Wendte et al.，1998)可称为热构造白云岩。另一些研究者强调热液白云岩形成时，把上覆地层不厚的白云岩叫做浅层白云岩(epithermal dolomite)，因为它是在上覆沉积物不厚(500~1000m)的条件下形成的。目前普遍接受的定义是 Davies 和 Smith(2006)对热液白云岩的定义，即热液白云岩(hydrothermal dolomite)是指在埋藏条件下，由地层深部富含 Mg^{2+} 的热液流体侵入引起的灰岩白云石化或白云岩热液蚀变形成的一类特殊的白云岩，热液主要来自区域构造、岩浆侵入、火山以及变质作用等。

热液白云石化作用发生的深度还存在争议，主要取决于地温梯度或岩浆、变质等突发性地质作用。何莹等(2006)经对塔里木盆地牙哈—英买力地区寒武系—下奥陶统埋藏热液白云岩进行研究，得出其形成深度应大于 3500m。

第一节 识 别 标 志

一、矿物形态、岩石学标志

(一)鞍形白云石

鞍形白云石早在 17 世纪就被人们所发现。由于这种白云石的晶体形态近似于马鞍形，因此命名为鞍形白云石(saddle dolomite)。晶形完美的鞍形白云石晶体实际很少见，通常见到的只是其中的一部分或晶形不完美的鞍形白云石，而且形态各异，所以也有学者将其分别命名为晚期胶结铁白云石、白色亮晶白云石(Beales，1971)、异形白云石(Friedman and Radke，1979；Mazzullo and Cys，1979)、热液白云石(Goldberg and Bogoch，1978)、脉状白云石(Ebers and Kopp，1979)等。虽然这些白云石形态不同，但它们同样具有鞍形白云石的典型特征(如晶体粗大、晶面弯曲或呈阶梯状、波状消光等)，学术界现在将这类白云石统称为鞍形白云石。由于鞍形白云石晶体粗大，形成需要比较大的可用空间(孔隙)，并常与发育的裂隙共生。因此，该类型白云石的形成可能与构造-热液活动联系紧密。

　　鞍形白云石在孔洞充填模式和交代模式中或呈线形产出，或充填铸模、溶孔和断裂。鞍形白云石以粗粒的乳白色、灰色或棕色的亮晶白云石晶体集合为特征，具有独特的尖顶、弯曲晶面(弯月刀状)和晶格，常见波状消光，呈珍珠光泽。该类型的鞍形白云石是热液背景的重要指示物。鞍形白云石的形态和组成特征与流体来源、成岩环境、流体动力学和晶体生长动力学有关。

　　鞍形晶体形态和弯曲晶面反映了原子沉淀的高速度和附着晶体生长模式，晶体边缘优先生长。采用正交偏光镜观察发现，薄片的波状消光是晶格弯曲的产物，可以作为粗晶交代白云石鞍形形态的标准。

　　鞍形白云石分为基质型和胶结型两类(Radke and Mathis，1980)。基质型是由基质白云岩或灰岩交代形成，胶结型是直接在空洞或裂缝的流体中沉淀胶结形成。一般认为鞍形白云石主要形成于热卤水环境中，但鞍形白云石并非一定为热液成因，早期自调节白云石化及热化学硫酸作用等也可形成鞍形白云石(Machel，1987；Qing et al.，2001)。

　　1. 粗晶、曲面鞍形基质白云石

　　粗晶、曲面鞍形基质白云石一般为粗晶，以他形为主，可见半自形，晶面弯曲，晶间曲面接触，有时呈缝合状接触，晶体内部微裂缝常见[图 5-1(a)]，波状消光[图 5-1(b)]，多见晶间孔和溶蚀孔，晶面比较污浊，阴极不发光或斑状为暗红色，有时可见亮环边。这种白云石往往与鞍形白云石胶结物共生，并且常与裂缝系统伴生[图 5-1(c)、图 5-1(d)]。

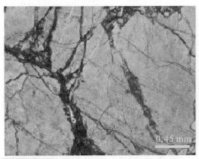

(a)巨晶基质鞍形白云石，晶间孔发育，与丰富的裂缝系统共生，单偏光，Zhong4井，5816.0m

(b)巨晶基质鞍形白云石典型波状消光，正交偏光

(c)柯坪水泥厂剖面蓬莱坝组与裂缝系统（箭头）相伴生的粗晶白云岩

(d)在镜下显示粗晶基质鞍形白云石（单偏光）中微裂缝非常发育

图 5-1　鞍形白云石结构及其显微特征

2. 细—中晶直面自形—半自形白云石胶结物

细—中晶直面自形—半自形白云石胶结物往往作为溶蚀晶洞和裂缝内首期胶结物内衬，以细—中晶为主，直面自形—半自形[图 5-2(a)]，单偏光镜下常见晶体内核比较污浊，可见亮环边，晶体之间直线接触。正交镜下均匀消光，阴极发光核部暗淡或发暗红光，边缘发暗红色光或暗淡无光，晶体内部气-液两相包裹体较少见。这种白云石可以单独出现，也可见在其后发育鞍形白云石胶结物，在热液作用下，该类型白云石往往被后期鞍形白云石所交代，成为后期鞍形白云石胶结物的晶核[图 5-2(b)]；但在鞍形白云石普遍发育、热液白云石化作用比较强烈的情况下，这种白云石类型较少见。

(a)孔洞中的细—中晶自形—半自形白云石胶结物，Tong1井，3179.9m

(b)溶孔中的中晶直面自形白云石（箭头）与粗晶鞍形白云石(Sd)，TX1井，7874.9m，寒武系

(c)角砾化白云岩裂缝中的巨晶鞍形白云石胶结物（箭头所示），柯坪水泥厂下奥陶统蓬莱坝组

(d)白云岩孔洞中的尖角状鞍形白云石胶结物，Sha15井中下奥陶统

(e)方解石（Cal）填充于鞍形白云石胶结物的残余孔洞内，鞍形白云石微裂缝非常发育，单偏光，GL1井下奥陶统蓬莱坝组

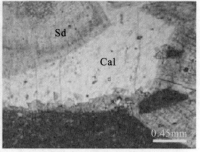

(f)方解石填充于鞍形白云石胶结物的残余孔洞内，鞍形白云石晶面呈弧形，单偏光，Zhong4井下奥陶统

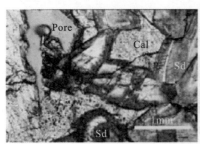

(g)鞍形白云石胶结物的单偏光和阴极发
光对比图像，鞍形白云石胶结物为暗红
光，见清晰的橘红色亮环边，DG1井寒
武系

(h)鞍形白云石胶结物的单偏光和阴极发
光对比图像，鞍形白云石胶结物为暗红
光，见清晰的橘红色亮环边，DG1井寒
武系

图5-2　自形—半自形白云石与鞍形白云石胶结物

注：Pore为孔隙

　　这种白云石往往出现在裂缝或溶蚀孔洞比较发育的地层中，表明其形成前发生过构造
压裂（或水力压裂），并且断裂为其提供了流体输导系统和沉积空间（Warren and Kempton，
1997）。当热流体进入裂缝系统初期，温度不太高，对围岩的溶蚀作用刚刚开始，流体内
Mg^{2+}的浓度也不太高，因此就会沉淀出自形—半自形的白云石胶结物。

3. 粗晶曲面鞍形白云石胶结物

　　粗晶曲面鞍形白云石胶结物常发育于孔洞和裂缝之中，常为乳白色，有时为粉红色或
肉红色，光泽黯淡，粗—巨晶，呈叶片状或尖角状[图5-2（a）、图5-2（b）]；在镜下晶形呈
尖茅状、阶梯形或镰刀形，晶面常弯曲，晶体内部常见丰富的微裂缝[图5-2（e）、图5-2（f）]，
在正交镜下呈现典型的波状消光，单偏光镜下晶核污浊，常见亮环边，可见其内部有大量
气-液两相包裹体，根据包裹体的疏密程度可轻易区分不同的生长环带。包裹体含量低的
环带，单偏光镜下明亮洁净，阴极发光为红色或橙红色；而包裹体含量高的环带，正好与
之相反，单偏光镜下较污浊，阴极发光为暗红色或不发光[图5-2（g）、图5-2（h）]。常见方
解石脉体切割早期鞍形白云石填充的裂缝；在显微镜或扫描电镜下常可以见到鞍形白云石
与石英、重晶石、闪锌矿、黄铁矿等热液矿物共生以及未被鞍形白云石完全胶结的残余孔
洞被后期的沥青、玉髓、黏土矿物等充填[图5-2（c）、图5-2（d）]。在野外露头鞍形白云石
发育的地方经常见到斑马纹状构造，白云岩角砾化是热液白云岩常见的典型结构，通常见
于低渗的基质白云岩中，被认为是在异常高压的条件下不能及时释放陡增的孔隙流体压力
而发生水力压裂或者在水平的剪切应力作用下形成雁列式裂缝，这些裂缝被鞍形白云石填
充就会形成原岩（深色）和胶结白云石（白色）相间的条纹，即斑马纹状构造（Davies and
Smith，2006；陈代钊，2009）。

　　鞍形白云石与自形—半自形白云石胶结物的产状相似，表明它们的成因机理相似，只
是鞍形白云石的特征反映形成温度和压力更高，流体的 Mg^{2+}浓度更高。鞍形白云石与自
形白云石胶结物的流体环境是连续过渡的。

(二)黄铁矿、重晶石、闪锌矿等热液矿物共生矿物

矿物组合上，鞍形白云石与石英、黄铁矿、重晶石、闪锌矿等热液矿物共生(图 5-3、图 5-4)。

(a)黄铁矿和闪锌矿与鞍形白云石共生，
XH1 井，5866.3m

(b)图(a)能谱图，上方为黄铁矿能谱，
下方为闪锌矿能谱

(c)自形石英填充于鞍形白云石胶结物之间，
Sha15 井下奥陶统

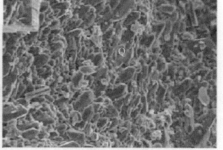

(d)图(c)放大图像

(e)高岭石填充于鞍形白云石胶结物之间，
见未被完全胶结的孔隙，Sha88 井下奥陶
统蓬莱坝组

(f)图(e)放大图像，书页状高岭石集合体

图 5-3　鞍形白云石及其共生矿物特征

注：Sd 为鞍形白云石，Kao 为高岭石，Pore 为孔隙，FeS_2 为黄铁矿，ZnS 为闪锌矿

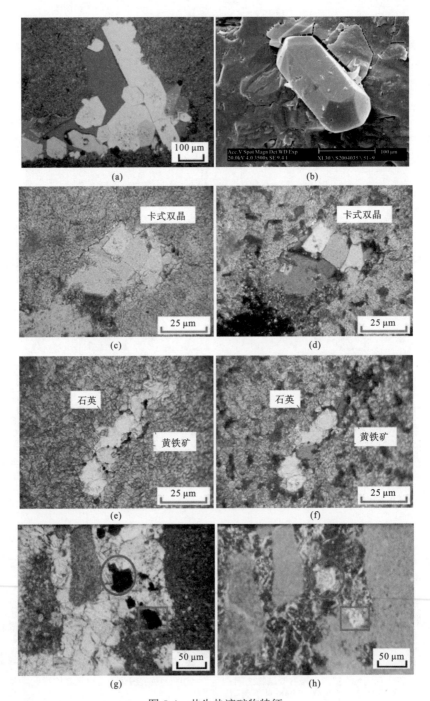

图 5-4 共生热液矿物特征

(a)为泥粉晶云岩,溶孔充填石英胶结物,Shan139 井,3143.75～3143.85m,×2.5,正偏光;(b)为自生石英,粒表见伊利石,Shan51 井,3717.75m,扫描电镜;(c)(d)为长石胶结物(卡式双晶),单偏光下长石显示透明状,可见解理,正交光下呈现卡式双晶(箭头所指),Lian1 井,3635m,×20,(c)为单偏光,(d)为正交光;(e)(f)为石英与黄铁矿共生,单偏光下石英显示清晰透明,黄铁矿显示不透明,正交光显示石英的光性特征为一级灰白,Lian1 井,3599m,×20,(e)为单偏光,(f)为正交;(g)(h)为晚期交代白云石胶结物和基质的黄铁矿,Lian1 井,4086.30m,×6.3,(g)为单偏光,(h)为反射光以川东南丁山—林滩场构造带热液白云岩矿物岩石学及溶蚀特征为例进行说明。据宋永光等(2009)对川东南丁山-林滩场构造带震旦系灯影组热液白云岩的研究可知，热液白云岩常见条带状构造，由浅色的中—粗晶白云岩条带及深色的微晶白云石或粉—细晶白云石条带相间组成[图 5-5(a)]。该构造被解释为由热液侵入剪切微裂缝形成。条带状构造中深色条带代表灯影组原岩，受热液蚀变后可见热褪色现象，表现为比未受热液影响的灯影组原岩颜色稍浅；浅色条带即为热液溶解灯影组原岩而后再结晶形成，热液活动常导致白云石结晶点阵扭曲，形成非平面状白云石，典型的为马鞍形形态。因此，浅色条带几乎全由中—粗晶马鞍形白云石组成，正交偏光下具波状消光[图 5-5(b)]。

溶蚀垮塌角砾状构造也是本区热液活动的常见构造，表现为深色的灯影组原岩角砾，角砾之间充填的为浅色的中—粗晶马鞍形白云石，研究区热液白云岩中 MVT(the Mississippi valley-type，密西西比河谷型)铅锌矿矿脉发育。在有震旦系出露的桑木场背斜核部，有很多大型铅锌矿脉已经被商业开采。该矿脉成分简单，主要由方铅矿、闪锌矿组成，常见的脉石矿物有萤石、重晶石、石英，偶见以萤石、重晶石为主的矿脉。矿脉沿破劈理发育，产状直立，在强烈隆升过程中形成。矿脉中常见灯影组白云岩角砾，大部分为鞍形白云石。在附近的围岩中，铅锌矿矿脉切割鞍形白云岩脉[图 5-5(c)]，显示铅锌矿矿脉形成于鞍形白云岩脉之后。热液白云岩普遍发育有 SiO_2，表现为硅化白云岩、晶洞中沉淀的自生六方柱状石英及白云岩中隐晶质燧石斑块。金之钧等(2006)认为只有热液才能携带较多的 SiO_2，并能在进入围岩裂隙后沉淀出较多的自生石英晶体。地层水也可以形成自生石英，但数量较少，分布零星，与热液作用下所形成的并沿裂隙(缝)集中分布的产状具有明显的区别。在热液流体温度降低时，SiO_2 的溶解度明显降低。故柱状石英沉淀的地方大多是热液活动减弱的场所(微裂缝、节理等)。在晶洞中由边缘至中心的充填期次一般为粉—细晶白云石→乳白色粗晶白云石(马鞍形白云石)→石英。Lin1 井薄片也呈现的是石英斑块切割马鞍形白云岩脉，显示马鞍形白云石先于石英形成[图 5-5(d)]。

热液白云岩的白云石晶间孔常被沥青全充填[图 5-5(e)]，亦见部分半充填。对 Lin1 井 46 片岩心薄片及 83 片岩屑薄片中沥青含量进行统计表明，热液白云岩层段相对富含沥青。桑木场灯影组露头、DS1 井及 Lin1 井薄片揭示了马鞍形白云石与沥青的典型充填序列，即粉—细晶白云石→第一期沥青→乳白色粗晶白云石(马鞍形白云石)→第二期沥青[图 5-5(f)]，以第二期沥青最为发育。因此，以马鞍形白云石为标志的热液活动早于第二期沥青的形成时间。根据油源跟踪与对比，第二期沥青为上覆寒武系牛蹄塘组泥岩在二叠纪—三叠纪生烃充注演化而来。Lin1 井热液溶蚀晶洞中亦发育天青石矿物，从晶洞壁向中心显示为马鞍形白云石→天青石充填序列。岩心薄片上天青石晶体呈半自形板条状，镶嵌于马鞍形白云石晶体之间，晶体表面光滑，未见交代痕迹([图 5-5(g)])。这应该是在热液中直接结晶沉淀形成。

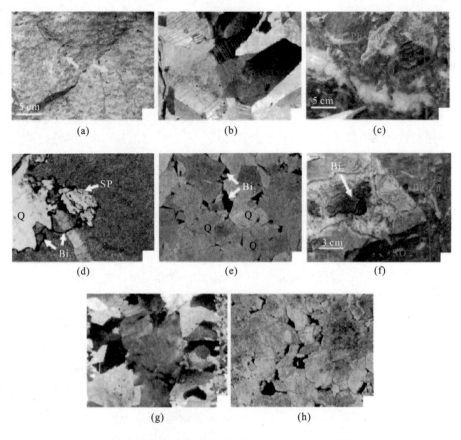

图 5-5   川东南灯影组热液白云石化及其伴生矿物

　　热液流体富含 F 和 CO_2 等多种酸性腐蚀成分，极易溶蚀碳酸盐岩。在研究区内，震旦系与寒武系不整合面附近灯影组白云岩中可见众多溶蚀孔洞，局部热液溶蚀孔洞面孔率可达 10%[图 5-5(a)]。Lin1 井溶蚀作用不及桑木场地面露头强烈，如在 2656.26～2657.59m 岩心段，呈现的是热液沿着层面、层理面等结构薄弱面，以及微裂缝、白云岩的孔隙系统，使周围的白云岩发生热液溶蚀作用，形成微米至毫米级别的溶蚀孔、针孔，孔洞面孔率达 3%。相比之下，由于灯影组的藻白云岩、粉—细晶白云岩较泥—微晶白云岩的晶间微孔隙更为发育，因此热液更易通过粉—细晶白云岩，致使对粉—细晶白云岩的溶蚀改造作用也更强，溶蚀孔洞面孔率可达 3%～10%，而对泥—微晶白云岩的热液溶蚀作用更多地被局限于裂缝两侧。

　　以塔里木盆地寒武系白云岩为例，由于塔里木盆地经过多期构造运动，大断裂发育，而且二叠纪岩浆活动又是影响中西台地区寒武—奥陶系热液作用的主要岩浆事件，故热液成因的白云岩在塔里木盆地分布广泛，在塔北、塔中、巴楚和塔东地区发育的白云岩中都见有热液存在的证据，如 TZ75 井见热液成因的石膏和萤石，YD2 井见天青石和方铅矿等。

　　热液白云岩的岩石特征相对其他成因的白云岩更容易识别，在宏观和微观上都有许多独特的识别标志，具体特征如下。

（1）"斑马纹状"热液白云岩，白色条纹为鞍形白云石[图5-6（a）]；

（2）晶体粗，岩石表面呈砂糖状；

（3）显微镜下常见中粗晶、晶面弯曲且具有波状消光特征的鞍形白云石[图5-6（b）、图5-6（d）]；

（4）常见方铅矿、闪锌矿、重晶石、热液石膏[图5-6（b）]、硅质等热液成因的伴生矿物；

（5）染色状态下能见含铁白云石、含铁方解石[图5-6（d）]。

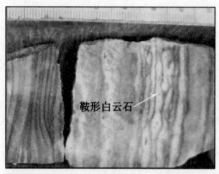

(a)灰色、浅灰色含泥质条纹状中粗晶白云岩，具斑马纹特征，白色条纹为鞍形白云石，溶孔发育。ML1井，5523.15m，上寒武统突尔沙克塔格组，岩心

(b)中晶白云岩，裂缝中充填鞍形白云石和硬石膏，TZ75井，4814.52m，上寒武统，铸体片，正交光

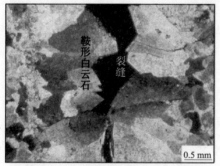

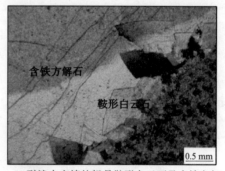

(c)中晶白云岩，裂缝被鞍形白云石半充填。LS2井，6854.03m，上寒武统丘里塔格组，正交光

(d)裂缝中充填的粗晶鞍形白云石及含铁方解石（浅蓝色）。TC1井，4386.00m，下奥陶统鹰山组，正交光

图5-6　塔里木盆地热液白云岩岩石特征

二、流体包裹体标志

研究表明，镜下孔洞充填鞍形白云石典型的不透明—半透明白色特征是由大量的流体包裹体引起的。对全世界不同的地区和不同母岩年龄的鞍形白云石的双相流体包裹体的均一化温度（Th）的测定显示出温度变化范围最低为80℃，最高可以高于235℃，但更多为100~180℃。在大量洞穴充填的鞍形白云石晶体中，均一温度从大核部到外带逐渐升高，

可高达 95℃。

鞍形白云石的另一个特征是流体包裹体的盐度按最终熔融温度计算，通常是现代海水盐度的 3～8 倍。热液白云石化作用的任何机理都必须要对大量高含盐流体(卤水)做出解释。从流体包裹体的低共熔温度(Te)计算出来的卤水成分通常指示 $MgCl_2$-$CaCl_2$-$NaCl$-H_2O 流体，前期的蒸发源可以提供流体来源，但它也可以被海水或淡水所改造，并且也可以和基岩或硅质岩互相作用。

在全球范围内，寒武纪到白垩纪地层中鞍形白云石的大部分氧同位素 $\delta^{18}O$ 都为 $-18.0‰$～$-2.5‰$，最常见的为$-12‰$～$-5‰$；碳同位素 $\delta^{13}C$ 主要为$-17‰$～$+6‰$，大部分为$-3‰$～$+5‰$。全球范围内的大部分鞍形白云石富集放射性成因的锶同位素 $N(^{87}Sr)/N(^{86}Sr)$ 为 0.7180～0.7370。

三、地球物理标志

热液及热液白云岩在地震剖面上表现为负花状构造，据此可对其进行地球物理特征的判别。自从在美国俄亥俄和印第安纳 Lima-Indiana 走向带白云岩中发现油气以来，经过 100 多年的油气勘探，研究人员才发现该油气田的白云岩储集相完全受构造控制，为典型的构造热液白云岩油气田。近半个世纪来，构造学、岩石学(主要是成岩作用)以及地球物理学(主要是地震技术和精度航磁资料)研究不断发展，学者们已经了解了这种白云岩的成因和热液白云岩油气田的成藏模式，总结了一套行之有效的勘探技术，并取得较大成果。20 世纪 90 年代末到 21 世纪初，在纽约州奥陶系 Trenton-Black River 组热液白云岩和热液白云岩油气田勘探中应用这些经验和地震测试技术(2D 或 3D)取得显著成果，20 世纪 90 年代到 21 世纪初已经找到大大小小的油气田(气田)20 余个(图 5-7)。应用地震勘探资料在地震测线上去找基底断层，在上部边界去找负花状构造和洼地(sags)，在地层界面的平面上去确定洼地平面分布，在洼地内钻井，而且倾斜水平钻井最为有效。

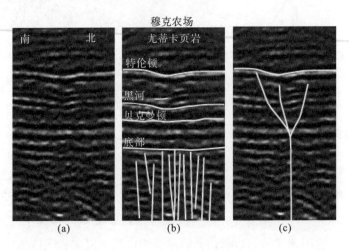

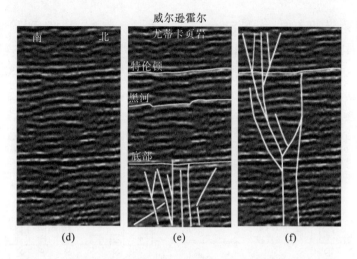

图 5-7　穆克农场和威尔逊霍尔油(气田)地震测线(纽约州)

四、岩石地球化学标志

在阴极发光方面，塞卜哈白云岩的阴极发光弱[图 5-8(a)]；渗透回流白云岩的阴极发光呈暗褐色—暗红色光[图 5-8(b)]；早期形成的埋藏白云岩贫 Fe，一般发暗红色光，晚期形成的白云岩含受孔隙海水影响的成岩流体而发较弱的暗红色、暗褐色、紫褐色光[图 5-8(c)]；热液白云岩阴极发光的颜色、强度与热液流体性质相关，一般发光较强[图 5-8(d)]。

(a)纹层状泥晶白云岩，发橙黄色光，可能受重卤水再改造。YH10井，6173.47 m，中寒武统沙依里克组

(b)藻白云岩，藻格架发弱褐色光，同沉积白云石化的产物，格架孔中白云石具红暗相间的环带，埋藏成因。YH5井，6396.53 m，下寒武统肖尔布拉克组

(c)含残余砂屑细—中晶白云岩，发弱暗褐色光，沿溶孔发育的白云石具次生加大边发红色光，深埋藏成因。YM321井，5379.88 m，上寒武统丘里塔格组

(d)中—粗晶白云岩，鞍形白云石具环带构造，中间发褐光，边缘发红色光，热液成因。TZ408井，4584.28 m，上寒武统丘里塔格组

图 5-8　塔里木盆地白云岩阴极发光特征

　　在包裹体均一温度方面，热液白云岩中的包裹体一般显示超过 100℃以上均一温度，且温度变化的幅度相对较大[图 5-9]。例如，塔里木盆地 YD2 井，11 筒为埋藏白云岩，12 筒为受热液改造的白云岩，均一温度区间变化相对较大；YM321 井，5382.87m 为埋藏白云岩，5350.80m 为热液白云岩，均一温度区间变化大，出现异常高温现象。

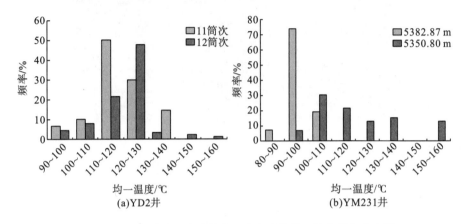

图 5-9　塔里木盆地上寒武统白云岩包裹体均一温度频率分布图

　　在碳氧同位素方面，热液白云岩区别于其他成因的白云岩的最主要特征是氧稳定同位素小于-10‰（图 5-10）。另外，在微量元素、主量元素、稀土元素及 Sr 同位素等方面也与其他类型的白云石化具有一定的区别，如表 5-1 所示。

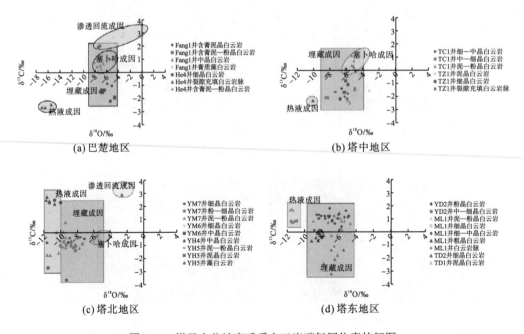

图 5-10　塔里木盆地寒武系白云岩碳氧同位素特征图

表 5-1 塔里木盆地寒武系—下奥陶统不同成因白云岩地球化学特征

成因类型	MgO / CaO	微量元素	阴极发光	稀土元素	碳氧同位素	有序度	包裹体均一温度	$^{87}Sr / ^{86}Sr$
塞卜哈白云岩	线性正相关	Fe、Na、Mn、Sr 含量高，Mo、U 含量低	发暗色光或不发光	Ce 负异常，Eu 异常不明显	相对较高的碳氧同位素	低	—	高于海水值
渗透回流白云岩	线性负相关	Fe、Na、Mn、Sr 含量高，Mo、U 含量低	发暗色光	Ce 负异常，Eu 负异常	高碳氧同位素	较低	—	接近海水值
埋藏白云岩	线性负相关	一般 Fe、Mn 含量低，Mo 含量高	发暗色光	Eu 负异常	低氧同位素，碳同位素变化大	高	较高，变化范围小	高于海水值
热液白云岩	线性负相关	Fe、Mn 含量高	发红色或橙色光	Eu 正异常	更低的氧同位素，碳同位素变化大	高	异常高温	低于海水值

第二节 热液白云石化与储层关系

基底的破裂和基底断层的扭动造成深积盆地砂岩储层内沉积低温热流体活动。热液白云岩形成的第一个条件为必须要有基底断层存在和活动的条件。热液白云岩形成的第二个条件就是要有热流体的储库，没有热流体的储库，也不会产生热液白云石化作用。热液白云岩形成的第三个条件就是上部要有以泥质沉积物为主的封堵层，如果没有封堵层，基底断层通天，流体溢出，也就不会形成热液白云岩（图 5-11）。在平面上，有利储层及油气井主要沿断裂分布，表明断裂对白云石化及其储层具有决定性的控制作用。

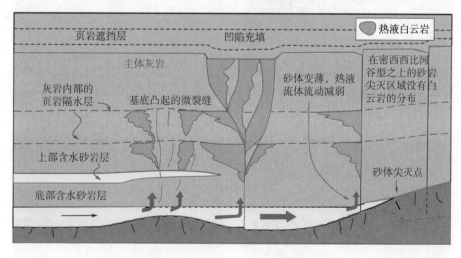

图 5-11 热液白云石化模式图

通过深源热液作用形成的白云岩储层称为热液白云岩储层，但具经济价值的热液白云岩储层并不多见，更多的是对原存储层的叠加改造。因深源热液需要不整合面、断裂作为通道，导致热液白云岩储层分布的局限性。在此，以塔中鹰山组为例加以阐述。就成因而言，塔中鹰山组是一套层间岩溶叠加热液白云石化和热液岩溶作用的产物，但深源热液作用对储集空间的发育具重大的贡献。①热液作用导致形成斑块状或花朵状白云石化，斑块状或花朵状白云岩是非常优质的储层；②热液溶蚀作用导致洞穴的形成。在塔中地区，被良里塔格组覆盖的鹰山组顶部最初被认为是层间岩溶型储层，两者之间代表 11Ma 的地层缺失和表生岩溶作用。但通过对野外和井下的进一步研究，发现有以下几个现象是不能用层间岩溶储层模式解释的。

塔中地区鹰山组顶部不整合面下所见到的洞穴大都是被充填的，洞穴的发育与该不整合面可近可远，似乎没有直接的因果关系；油气产层与该不整合面可近可远，甚至可以在不整合面之上；热液现象非常丰富。在野外，鹰山组顶部不整合面附近有三类现象非常值得关注：①大量斑块状或花朵状白云岩[图 5-12(a)]，白云石化作用弱时表现为石灰岩包裹斑块状白云岩[图 5-12(b)]，白云石化作用强时表现为残留石灰岩被白云岩包裹，白云石化率平均可达 30%，白云岩晶间孔和晶间溶孔发育，孔隙度大于 10%，对全岩孔隙度的贡献率达到 3%～4%；②顺层分布的洞穴大多被充填；③顺不整合面或断层分布的洞穴，大多被热液矿物萤石半充填。

热液作用导致斑块状或花朵状白云石化[图 5-12(c)]和热液溶蚀洞穴[图 5-12(d)]的形成，热液溶蚀洞穴大多为热液矿物半充填。

(a)硫磺沟剖面，沿平行不整合面分布的层状矿坑

(b)青松石料厂剖面，石灰岩包裹斑块状白云岩

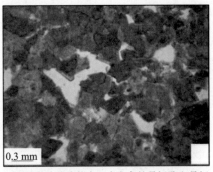

(c)斑块状或花朵状白云岩发育的晶间孔和晶间溶孔，TZ3井，4066.68 m，$O_{1-2}y$

(d)热液溶蚀孔洞为热液矿物半充填，TZ3井，$O_{1-2}y$

图 5-12　塔里木盆地下古生界热液白云岩储层特征

　　这类储层的孔隙类型很复杂(图 5-13),有与表生期溶蚀作用相关的洞穴,有与斑块状或花朵状白云岩相关的晶间孔和晶间溶孔,还有热液溶蚀洞穴。但对储集空间的主要贡献者是热液白云石化形成的晶间孔、晶间溶孔及热液溶蚀洞穴。与表生期溶蚀作用相关的洞穴往往被热液作用再改造或继承性发育,显然热液优先选择表生期溶蚀多孔带活动。

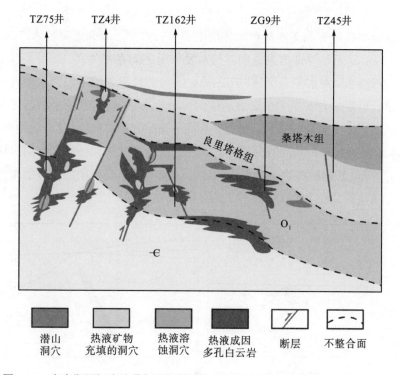

图 5-13　表生期层间岩溶叠加深源热液白云石化和热液岩溶型储层发育模式图

第六章　混合水白云石化模式

　　一些广泛分布在陆表海碳酸盐台地环境中的白云岩并没有邻近蒸发岩产出，也缺乏潮上暴露标志，因而缺乏足够证据来说明其与蒸发作用之间存在关联。针对某些白云岩出现在现代台地边缘淡水、海水混合区域，Hanshaw 等(1971)率先使用混合水模式解释佛罗里达古新世—中新世灰岩含水层中白云岩的成因，Land(1986)也将其用于解释牙买加北部中更新世生物礁的同生白云石化作用。随后，Badiozamani(1973)通过计算认为海水中 5%～30%的混合水对方解石不饱和而对白云石过饱和，在出现这些比例混合水的区域可以发生白云石交代方解石，他同时将这一结果应用到美国威斯康星州西南部中奥陶统白云岩的成因解释上，并将该模式命名为 Dorag 模式(图 6-1)。

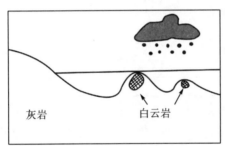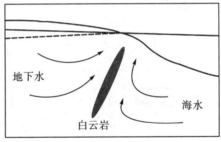

图 6-1　混合水白云石化模式

第一节　形成机理

　　实际上，混合水模式中 Mg^{2+} 来源仍然是富 Mg^{2+} 的海水，被替换的 Ca^{2+} 随循环水回到广海(表 6-1)。在混合水模式建立的早期，已有较多学者对大气水-海水混合带中大范围台地白云石化作用发生机制的合理性提出了质疑。如果使用现代环境中沉淀的、更易溶解的无序白云石的溶度积(平衡常数为 10～16.5)而不使用基于古代有序白云石的溶度积(平衡常数为 10～17)，那么适合混合水白云石化作用的流体成分范围将大大缩小，只有在海水占 30%～41%的混合水中才会出现，即发生混合水白云石化作用的流体成分要求变得比较苛刻。其后，一些混合水模式的典型实例也被修改为海源流体白云石化作用的结果，如北大西洋巴巴多斯岛 Golden Grvoe 和牙买加北部新近系 Hope Gate 组的白云岩。Machel(2004)认为从热力学、动力学和水文学方面研究混合水模式缺乏足够的基础，同时对巴马滩和佛罗里达南部近地表混合带进行研究表明，海水-淡水混合带中不含白云石，即使是文石已经处于不饱和状态；随后，Lucia(1968)更是在包裹体、岩相学、稳定同位素和有机质成熟度等分析基础上，彻底否认了威斯康星州中奥陶统白云岩是 Badiozamani(1973)原先认为的混合水成因的观点，认为它们是热液白云石化作用的结果。尽管对混合水模式的质疑声此起彼伏，但 Machel 并没有完全否定混合带中可以形成白云岩，只是认为混合带形成白云岩的能力有限，形成的白云岩体积相对较小，且仅限于台地边缘；当在更大的盐度区间(如海水大于 70%)，白云岩通常含量非常低(只有百分之几的体积分数)，且作为薄的胶结边或交代边出现。

表 6-1　白云岩电子探针成分分析表

样品数/个	分析物	微量元素/%						
		Na_2O	MgO	SrO	K_2O	CaO	MnO	FeO
16	台地边缘鲕滩粉晶白云岩	0.01312	21.5340	0.01872	0.01578	30.54910	0.03539	0.05764
10	台地内潟湖及点滩泥晶白云岩	0.05020	21.4683	0.14150	0.09095	30.60820	0.00750	0.14540

第二节　岩石学特征

以鄂尔多斯南缘下奥陶统马家沟组白云岩为例，其混合水白云岩比蒸发微晶白云岩稍晚，多为微晶—粉晶级结构(图 6-2、图 6-3)，有序度为 0.9～1.1，$CaCO_3$ 摩尔分数为 48%～49%，微量元素 Sr 含量为 $(60\sim80)\times10^{-6}$，碳同位素 $\delta^{13}C$ 为-1.4‰～-0.918‰，氧同位素 $\delta^{18}O$ 为-11.65‰～-10.05‰，包裹体平均温度为-70～115℃，代表了半开放环境下的沉积，主要为大气淡水、海水及咸化水混合渗透成因的白云岩。该类白云岩的分布受潮上、潮间带上部及古隆起的制约，主要发育于隆起区、潮间带上部，浅滩或浅滩周缘。稀释的卤水有利于晶粒生长，在盆缘坪环境和碳酸盐抬升早期，大气水与海水和蒸发盐水混合导致白云岩的生成，该岩石在 XT1 井马六段白云岩发育。在此段中，白云岩为深灰色，晶粒主要为极细—细晶结构，水平—波状层理发育；化石主要有海百合茎、腹足类，瓣鳃类、介形虫和藻类。白云岩中的晶间溶孔发育，是重要的储层之一。

图 6-2　Shan139，粉晶云岩，面孔率为 10%

图 6-3　Shan103，25 倍，马五段，微晶—粉晶云岩

又如川东北下三叠统飞仙关组白云岩，台地边缘鲕滩粉晶白云岩 SrO、Na_2O 和 FeO 质量分数很低，分别为 0.01872%、0.01312%和 0.05764%（表 6-1），表明白云岩形成的环境为受大气淡水影响的氧化环境，即白云岩为混合水成因，阴极射线下白云岩发暗红光。所分析的飞仙关组泥晶白云岩和粉晶白云岩的氧同位素为-6.5‰～2.5‰，它位于同期未蚀变海水胶结物氧同位素范围内（-7.5‰～2.5‰）。因此它们是低温成因的白云岩或近地表白云岩。白云岩的碳氧同位素分布有两个区块（图 6-4），台地边缘鲕滩粉晶白云岩有较负的 $\delta^{18}O$ 和较正的 $\delta^{13}C$，$\delta^{18}O$ 平均为-5.037‰，$\delta^{13}C$ 平均为 1.596‰。台地内潟湖及点滩泥晶白云岩有相对较负的 $\delta^{18}O$ 和 $\delta^{13}C$，$\delta^{18}O$ 平均为-3.433‰，$\delta^{13}C$ 平均为-0.645‰。从沉积背景分析，台地边缘鲕滩沉积时经常暴露于海平面之上，受到大气淡水影响，因而 $\delta^{18}O$ 偏负。

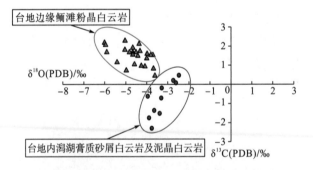

图 6-4　川东北飞仙关组白云岩碳氧同位素分布图

飞仙关组白云岩有序度和 $CaCO_3$ 摩尔分数（反映 Mg/Ca）分布有两个区块（图 6-5）。台地边缘鲕滩粉晶白云岩碳酸钙摩尔分数大于等于 50%，有序度小于 0.9，平均分别为 0.81 和 51.14；台地内潟湖及点滩泥晶白云岩 $CaCO_3$ 摩尔分数小于等于 50%，有序度大于等于 0.9，分别为 0.93 和 49.89。这两种分布状况意味着两种白云岩成因，台地边缘鲕滩可能短时间暴露于海平面之上，受大气淡水影响的时间有限，混合水白云石化快而不彻底；台地内的沉积物长期受到高盐度蒸发海水的影响，白云石化时间长而彻底。

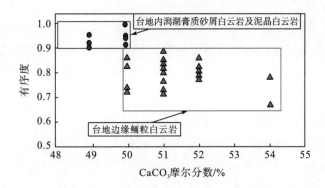

图6-5　川东北飞仙关组白云岩有序度、CaCO₃摩尔分数分布图

混合水白云石化模式存在多年。Badiozamani(1973)提出用 Dorago 模式(即混合水白云石化模式)解释美国威斯康星弧 Sinnipee 群奥陶系碳酸盐岩,尤其是 Platteville 组的 Mifflin 段白云岩的分布和地球化学特征。因而威斯康星弧成为古代岩石中 Dorago 白云石化作用的典型地点。

近年来,Lucia 和 Major(1994)重新研究了威斯康星弧碳酸盐的成岩作用,对作为经典模式的混合水白云石化作用提出了完全不同的意见。他们认为,该地区的白云石化作用是热水成岩作用的一个实例。根据流体包裹体分析、阴极发光分析、偏光显微镜观察、稳定同位素分析等方法并结合有机物成熟度的数据,得出威斯康星弧与白云石化有关的水-岩相互作用是与温度升高有关的浓卤水导致的,这与区域 MVT 矿床以及钾硅酸盐矿物的成岩作用是同时期的。

Lucia 和 Major(1994)重新对混合水白云石化进行评估,排除了威斯康星弧附近普遍存在的白云石化模式为混合水白云石化的可能性,其中以下七点是最为重要的。

(1)从白云岩的分布来说,混合水白云石化应沿构造高地发育,即沿平行于威斯康星弧的部分地区白云石化,因为这些地区有近地表暴露;但 Lucia 和 Major(1994)的观察与解释是:威斯康星弧的东部完全白云石化,这与构造位置无关,沿弧地带为部分完全白云石化,弧的西部零星白云石化,白云石化一直延伸到 Michigan 盆地。

(2)按照混合水模式,白云石应在混合带交代和沉淀,同时伴随方解石溶解。但 Lucia 和 Major(1994)的观察与解释是:威斯康星弧白云石的交代和沉淀与 MVT 矿化作用密切相关。

(3)按照混合水模式,每个近地表暴露事件应造成不同的阴极发光环带,阴极发光环带的分布应限于与弧平行的暴露区。但 Lucia 和 Major(1994)的观察与解释是:威斯康星州东部的区域性阴极发光环带可一直追溯到 Prairie du Chien 和 Sinnipee 群,在志留系中也有发现,而威斯康星州西南部则有不同的阴极发光环带。

(4)混合水模式的白云石化流体包裹体应该记录低的温度(所有的流体包裹体的均一化温度都应小于 50℃)。但 Lucia 和 Major(1994)的观察与解释是:威斯康星弧白云石化流体包裹体记录了较高的温度(两相流体包裹体均一温度为 82～100℃)。

(5)混合水模式白云石化流体包裹体所含水的盐度应在淡水与海水之间(冰点温度为 -1.9~0℃,而威斯康星弧白云石和伴生热液矿物流体包裹体含有较高密度的卤水,盐度为 13%~28%(冰点温度为-19.8~-16.9℃,或水石盐是最后转化相)。 Melim 和 Scholle(2002)记录的大巴哈马滩和佛罗里达南部混合带全岩样品的氧同位素值也在淡水的负值 $\delta^{18}O=[(-3.2\pm0.7)‰]$ 和海水的正值 $\delta^{18}O=[(+1.0\pm0.3)‰]$ 之间变化。

(6)Badiozamani(1973)指出,Mifflin 段 $\delta^{18}O$ 为-5.5‰~-4‰,但 Lucia 和 Major(1994)的观察与解释结果是 $\delta^{18}O$ 为-8.64‰~-2.88‰,与热液白云岩一致。

(7)混合带白云石化的重要理论支撑是要求混合水相对 $CaCO_3$ 不饱和,而相对白云石过饱和。然而,Melim 和 Scholle(2002)对巴哈马滩和佛罗里达南部近地表混合带成岩作用的研究也表明,混合带不含白云岩,但该环境相对文石是不饱和,因为铸模孔到处可见,因而巴哈马和佛罗里达的实例也质疑了混合带白云石化作用。

在这种模式中,Mg^{2+}/Ca^{2+} 为 1.24~3.64。该模式可分为两种情况:①浅层混合水白云石化,形成深度一般小于 500m,用这一白云石化机理解释美国威斯康星州中奥陶统白云岩的成因,得到了满意的效果;②中深层混合水白云石化,形成深度为 500~1500m。

第七章　玄武岩淋滤白云石化模式

目前，国内外关于玄武岩淋滤白云石化作用的研究较少，仅查阅到金振奎和冯增昭(1999)在滇东—川西下二叠统白云岩的形成机理及辽河油田雷家地区沙四段储层特征及白云岩成因研究中涉及玄武岩淋滤白云岩成因。由于玄武岩富含 Mg，在地表，玄武岩是不稳定的，当遭受大气水风化淋滤时，玄武岩中的铁镁矿物分解或被方解石等矿物交代(这种现象在风化淋滤区常见)，从而释放 Mg^{2+}。巨厚的玄武岩形成了高大的山，造成了巨大的水压头。在这种水压头的作用下，富含 Mg^{2+} 的淡水便沿岩石中的各种裂缝和节理源源不断地向地下深处渗流，使下伏下二叠统的石灰岩发生大规模白云石化作用。

在滇东—川西地区的下二叠统中，白云岩发育有两种类型：块状白云岩和斑状白云岩。块状白云岩呈浅灰色、灰色，厚层状至块状，白云石化完全，不含石灰岩残余。白云岩主要由细晶或中晶白云石组成，白云石多呈他形(图 7-1)。

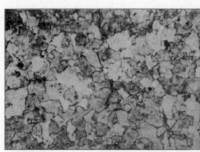

(a)块状白云岩，白云石为细—中晶级，多呈他形，昆明西山，下二叠统栖霞组，单偏光×40

(b)斑状白云岩，白云石斑块(深色)呈云朵状，并沿垂直层面方向拉长，其间为残余石灰岩斑块（浅色），昆明西山，下二叠统茅口组

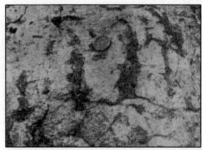

(c)白云岩斑块（深色）呈云朵状，并沿垂直层面方向拉长，其间为残余石灰岩斑块(浅色)，昆明西山，二叠统茅口组

(d)白云岩斑块中的半自形、自形中晶白云石，其间为泥晶方解石，单偏光，×60

图 7-1　昆明西山下二叠统块状及斑状白云岩特征图版

块状白云岩阴极发光呈暗红色，Fe^{2+}含量较高。层状溶蚀孔洞发育，孔洞体积分数平均为 5%，局部可达 20%。孔洞多为毫米级和厘米级，其内虽充填亮晶方解石，但多未填满。孔洞多呈层状分布。斑状白云岩的 $\delta^{13}C$ 为 3.1‰～4.0‰，平均为+3.6‰；$\delta^{18}O$ 为-8.1‰～-6.4‰，平均为-7.4‰；Sr 含量为 46×10^{-6}～68×10^{-6}，平均为 55×10^{-6}，Na 含量为 60×10^{-6}～89×10^{-6}，平均为 74×10^{-6}（表 7-1）。

表 7-1　昆明西山下二叠统白云岩碳氧同位素（PDB）及微量元素分析数据

岩石	样口编号	$\delta^{13}C$/‰	$\delta^{18}O$/‰	Sr / ($\times10^{-6}$)	Na / ($\times10^{-6}$)
块状白云岩	1	3.5	-6.8	43	67
	2	3.1	-7.1	52	74
	3	3.6	-8.3	36	64
	4	0.8	-9.1	25	52
斑状白云岩	1	4.0	-6.4	68	60
	2	3.1	-7.8	46	89
	3	3.6	-8.1	51	72

块状白云岩主要分布于滇东—川西地区西部下二叠统下部的栖霞组中，厚近百米。斑状白云岩呈灰色，厚层状至块状，由白云石斑块和交代残余石灰斑块组成，其中白云石斑块体积分数大于 50%（图 7-2、图 7-3）。当白云石斑块体积分数小于 50%时，则过渡为斑状石灰岩。白云石斑块呈云朵状，大小多为数厘米至二十多厘米[图 7-3（a）、图 7-3（c）]。

白云石斑块由细晶和中晶白云石组成。白云石呈自形或半自形，质量分数为 60%～90%，其阴极发光呈暗红色，Fe^{2+}含量较高。有些白云岩内含泥粉晶方解石包裹体，为交代残余。白云岩之间为残余灰泥或生物颗粒。白云石斑块之间的交代残余石灰岩为灰泥石灰岩、生物碎屑质灰泥石灰岩、灰泥生物碎屑石灰岩或亮晶生物碎屑石灰岩。生物碎屑主要为绿藻、红藻、有孔虫、棘皮类、腕足类等化石。

斑状白云岩在滇东地区分布广泛，特别是在茅口组中。在研究区西部，如云南昆明等地，白云石斑块多垂直层面拉长[图 7-3（a）、图 7-3（b）]，这里玄武岩也最厚；但向东至白云岩分布的边缘地区，如在师宗鸭子塘等地，白云石斑块则呈不规则状甚至平行层面拉长[图 7-3（c）]，这里玄武岩变薄甚至尖灭。

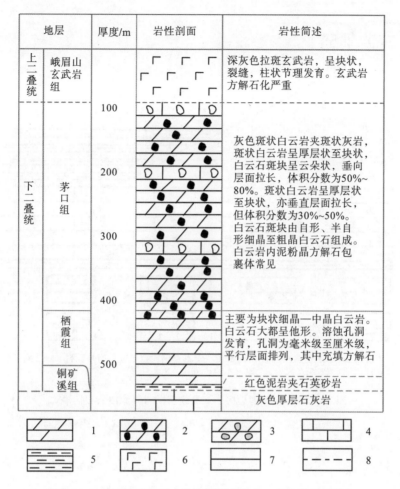

图 7-2　云南昆明西山下二叠统剖面中的白云岩的类型及分布

1.块状白云岩；2.斑状白云岩；3.斑状石灰岩；4.石灰岩；5.泥岩；6.玄武岩；7.整合；8.平行不整合

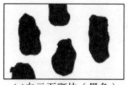

| (a)白云石斑块（黑色）
垂直侧面拉长 | (b)平行层面上白云石斑块
图形 | (c)白云石斑块沿平行层面拉长 |

图 7-3　斑状白云岩

　　在玄武岩巨厚的地区，即玄武岩山脉高耸的地区，白云石斑块普遍沿垂直层面方向拉长，说明在这些地区地下水的总体运动方向是垂直的。而在玄武岩分布的边缘地区，白云石斑块不规则甚至沿平行层面方向拉长，说明在这些地区地下水的总体运动方向是水平的。此外，栖霞组白云石化比茅口组强烈，可能是栖霞组之下有铜矿溪组的泥岩隔水层，使从上面渗流下来的水在栖霞组汇集，因此这里白云石化充分(图 7-4)。

1.块状白云岩；2.斑状白云岩(白云石斑块沿垂直层面拉长或平行层面拉长)；3.石灰岩；
4.砂岩；5.泥岩；6.玄武岩；7.地下水渗流方向；8.大气降水

图 7-4　滇东—川西地区下二叠统玄武岩淋滤白云石化模式

注：淋滤的玄武岩的大气水垂直向下渗流，遇到隔水层后沿水平方向流动

第八章　生物成因白云石化模式

首个被学界认可的微生物促进白云石沉淀的机理来自 Vasconcelos 和 Mckenzie（1997）的实验研究。Vasconcelos 和 Mckenzie（1997）在厌氧的条件下，利用硫酸盐还原细菌沉淀出了具有超反射结构的有序白云石。稍后 Vasconcelos 和 Mckenzie（1997）观察发现，巴西里约热内卢的 Lagoa Vermelha 潟湖中的黑色富含有机质沉积物中的白云石与微生物培养实验沉淀出的白云石非常相似，从而根据 Lagoa Vermelha 湖的同位素数据和水文模型提出了在地表常温下形成白云石的机制，称为生物成因白云石化模式，此种模式不断被发展完善。就目前的研究结果来说，不但硫酸盐还原细菌能促进白云石沉淀，在含甲烷的海底、天然气水合物环境中进行培养试验表明，甲烷厌氧细菌对白云石沉淀也有重要的促进作用；不仅仅局限于厌氧环境中，嗜盐需氧细菌也可以沉淀有序的白云石。

近年来，国内外学者总结了白云岩形成的各种模式。目前文献报道的原生白云石的形成时代，基本上是全新世以来（仅有少数时代较老，为晚白垩世）的古近纪和三叠纪，因而从古老的岩石记录中，寻找微生物作用的证据是反演地质历史时期原生白云石的形成过程和研究古代白云岩的生物成因的一把"金钥匙"。本书研究利用微生物培养实验的观测结果和模式机理，尤其注重和微生物相关的白云石具有特殊的形态特征，这或可为古代相似成因白云岩的成因研究提供一种标志，有助于研究地质历史时期的原生白云石的形成过程。

在地质历史时期的岩石记录中，据文献报道与生物相关的白云石，一般都具有球形和哑铃状的晶体形态，甚至在白云石的菱形晶体上还观察到呈哑铃状的溶蚀孔洞，这不仅局限于海洋中，甚至在淡水条件下与细菌有关的白云石也有类似的形态学特征。早期对于球形和哑铃状白云石成因的解释常因无机条件下沉淀的矿物不能形成类似的形态学特征而推测为微生物成因。Vasconcelos 和 Mckenzie（1997）首次在微生物培养实验中证实低温条件下微生物能够促进沉淀出球形、哑铃状的有序白云石。在培养实验中可以观察到，在石英的晶体表面沉淀有与纳米细菌（nannobacteria）大小相当的近球形白云石晶体[图 8-1(a)、图 8-1(b)]。这些白云石晶体是在硫酸盐还原细菌的作用下低温沉淀而来。Wahlman（2010）在其实验基础上模拟巴西 Lagoa Vermelha 潟湖的环境，观察白云石的生长过程。他发现，首先出现的是哑铃状的白云石，且细菌本身也卷入了其中[图 8-1(c)]，后形成花椰菜状[图 8-1(d)]，最后形成的球粒状是集合体的形态。在不同的实验条件下，包括使用不同细菌的菌株、需氧或厌氧的条件及不同浓度的硫酸根离子等，和细菌密切相关的白云石的晶体常具有球形（近球形、卵形）[图 8-1(a)、图 8-1(b)、图 8-2(b)]和哑铃状[图 8-1(c)、图 8-1(d)、图 8-1(f)、图 8-3]，球粒的直径多为一到十几微米，但也有较大或较小的。球粒的内部往往由放射状的纤晶组成[图 8-2(d)]；而球粒的表面则常呈多粒的球状结构[图 8-1(e)、图 8-3(a)]，少部分表面呈粗糙多刺状[图 8-2(c)]的形态特征。

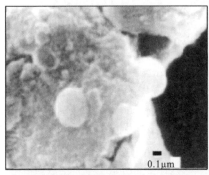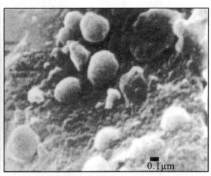

(a)从近处观察石英晶体上沉淀的白云石一   (b)从近处观察石英晶体上沉淀的白云石二

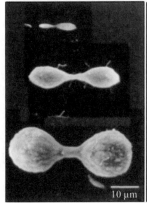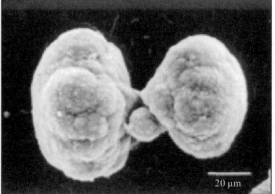

(c)硫酸盐还原菌株LVform6
在2~3周后沉淀出的哑铃状
白云石

(d)4~6周后白云石的形状由哑铃状转化为花椰菜状

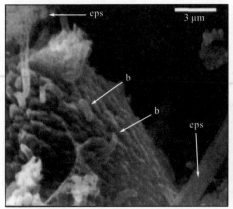

(e)硫酸盐还原细菌菌株沉淀出球状白云石
的表面形态(b为细菌，eps为干缩的细胞外
多聚糖)

(f)硫酸盐还原菌株LVform6沉淀出的
哑铃状白云石(箭头所指为LVform6)

图 8-1   微生物培养实验中白云石电子扫描显微镜图像

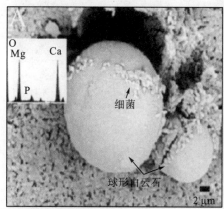

(a)中度嗜盐好氧细菌 *Halomonas meridian* 在35℃时沉淀的球形白云石

(b)中度嗜盐好氧细菌 *Virgibacillus marismortui* 在25℃时沉淀的卵形白云石

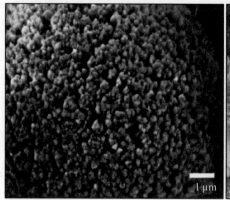

(c)中度嗜盐好氧细菌 *Halomonas meridian* 在35℃时沉淀的表面为粗糙多刺状的球形白云石

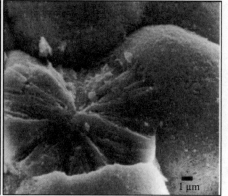

(d)中度嗜盐好氧细菌 *Virgibacillus marismortui* 在35℃时沉淀的内部由放射状纤晶组成的球形白云石

图8-2　微生物培养实验中沉淀的呈球形和卵形的白云石电子扫描显微镜图像

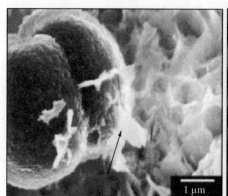

(a)中度嗜盐好氧细菌 *Marinobacter* sp.沉淀的表面具有细小的球形结构的哑铃状白云石，其上附着着胞外有机物质

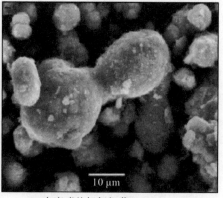

(b)中度嗜盐好氧细菌 *Desulfovibrio brasiliensis* 菌株LVform1在6周后沉淀出的哑铃状白云石

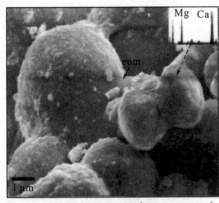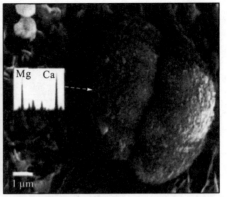

(c)*Virgibacillus marismortui*在28mmol/L SO$_4^{2-}$，35℃条件下沉淀出有细胞外有机物质植入其中的哑铃状白云石

(d)*Virgibacillus marismortui* 在56mmol/L SO$_4^{2-}$及25℃下沉淀出哑铃状白云石

图 8-3   微生物培养实验中沉淀的哑铃状白云石 SEM 图像

更为细致的工作是对白云石的最初成核阶段进行观察，Bontognali 等(2008)和 Sánchez-Román 等(2007)，分别在厌氧的条件下利用硫酸盐还原细菌 Dibrasiliensis 和需氧的条件下利用 *Halomonas meridiana* 和 *Virgibacillus marismortui* 沉淀白云石，结果发现微生物在自身的新陈代谢过程中产生大量的纳米球状颗粒，继而这些纳米级颗粒物聚集在一起形成纳米球粒状结构，而且微生物的自我保护机制可以保证自身不被埋葬在矿化后的矿物中。特别是 Sánchez-Román 等(2008)借助原子力显微镜、透射电镜、扫描电镜分层次进行观察，发现与 Himeridiana 细胞表面密切相关的纳米球状颗粒白云石，是埋在薄薄的有机质膜中的。从颗粒直径来看，绝大多数分布在 50～100nm，其他的分布于 100～200nm，但分布并不规则。

总体而言，在上述这些与微生物相关的矿物形态学特征中，球形和哑铃状白云石及白云石最初的成核阶段所形成的纳米球粒状结构是具有一定代表意义的。尤其是纳米球粒状结构在生物矿物学上的重要价值，或许可作为示踪古代微生物白云石的标志。典型的形态学特征可能是微生物白云岩，特别是古代微生物白云岩的较为重要的鉴别标志。

首个被学界认可的微生物促进白云石沉淀的机理被提出以后，随着研究的不断深入，发现不仅硫酸盐还原细菌的菌株能促进白云石沉淀，甲烷古细菌和需氧的嗜盐细菌也可以促进原生白云石沉淀。

根据培养实验中所模拟的微生物地球化学条件(包括 Mg/Ca、初始盐度、碳酸盐碱度、SO$_4^{2-}$、HCO$_3^-$、pH、温度)，按参与反应的微生物适应厌氧条件还是需氧条件的不同，将微生物白云岩的模式机理划分为厌氧模式和需氧模式两大类。

硫酸盐还原细菌促进白云石沉淀的机理和模式是最早被提出并被详细研究的。尽管就硫酸盐还原细菌本身来说，能够适应厌氧环境，但是也不排除有一些种类，特别是和蓝细菌藻席一起的硫酸盐还原细菌在有氧的环境中生存。但从总体来看，硫酸盐减少的主要途径是厌氧生物矿化。在实验室中，硫酸盐还原细菌的菌株也都是在厌氧的条件下促进白云石沉淀的。采用死亡菌株或不使用菌株，并没有白云石沉淀，而使用硫酸盐还原菌株后，在细菌聚集的地方出现白云石颗粒；并且天然潟湖环境的沉积物中有与实验中微生物沉淀形态非常相似的白云石晶体存在。基于现代自然环境中所观察到的现象与培养实验结果的对比研究，Vasconcelos 和 McKenzie（1997）最早提出了硫酸盐还原细菌沉淀白云石的生物成因白云石化模式（图8-4）。

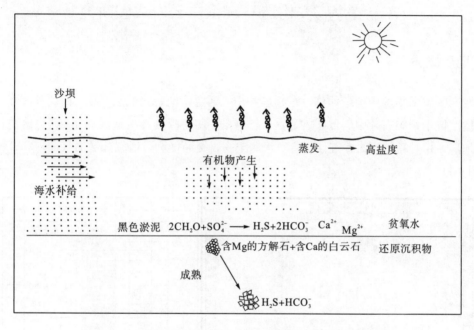

图 8-4　Lagoa Vermelha 湖中生物成因白云石化模式示意图

　　此模型不同于硫酸根离子抑制白云石形成的模型，而是认为在硫酸盐还原细菌发挥重要作用的情况下，沉淀白云石需要连续不断地供应 Ca^{2+}、Mg^{2+}、SO_4^{2-}，而 SO_4^{2-} 作为硫酸盐还原细菌的电子受体也必须连续供应。如此一来，丰富的 SO_4^{2-} 不但不会抑制白云石的沉淀，反而可以维持微生物的代谢，所以持续供应 SO_4^{2-} 成为沉淀白云石的必要条件。按图 8-4 所示模式，当旱季到来时，强烈的蒸发使得 Lagoa Vermelha 湖中水位降低，海水由障壁沙丘流入湖中进行补充，位于缺氧的湖泥沙混浊层表面的硫酸盐还原菌非常活跃，它们作用于光合作用产生的有机质，依靠湖中高盐度的卤水为自身提供高浓度 Mg^{2+} 和 SO_4^{2-}。在硫酸盐还原细菌的作用下，在亚微米尺度范围内沉淀高镁方解石、钙白云石，形成晶核。一旦成核后，遵循 Ostwald 步骤定律 0，将经历由成熟变老的过程，并且伴随着埋深的增加，白云石晶体不断地调整。开始时，细菌仍会继续存在于晶体的表面，但随着时间的推移和埋深的持续增加，白云石晶体在原来基础上继续无机增长，并逐渐变得更为有序。

第九章　白云岩成因研究实例

第一节　广安构造石炭系白云岩成因研究

一、地质概述

研究区位于华蓥山构造西麓，东起华蓥山、西至岳池、北抵水口场、南达涞滩场；区域构造上位于川中古隆中斜低平构造区，与川东古斜中隆高陡构造区相邻。研究区总体为低丘地形，相对高差不大，气候适宜，水源丰富，交通便利，适宜开展油气勘探和开发工作（图9-1）。

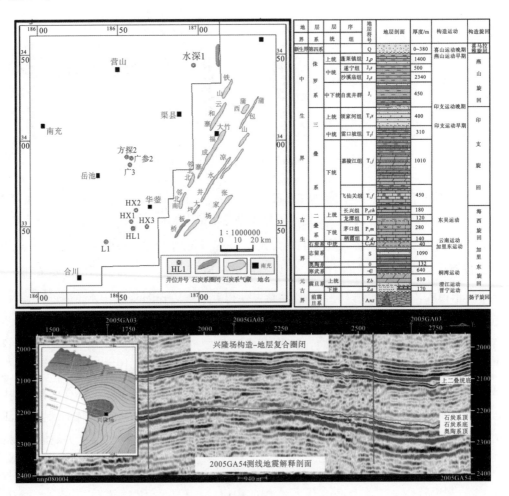

图9-1　研究区地理位置分布图

　　根据前人的研究结果可知，川中地区是扬子准地台上的一个古老"陆核"，由晚元古代的酸性、基性岩浆岩及深、浅变质岩组成了刚性基底，澄江运动之后，上扬子地台已成为稳定的褶皱基底，川中威远—龙女寺—广安成为北东—南西向展布的块状基底隆起带，称为川中地块隆起，形成古隆中斜的区域构造格局，由于刚性基底的控制，沉积盖层构造变异较小，褶被平缓，构造继承性好，震旦纪—奥陶纪在其上沉积了巨厚的浅海碳酸盐岩，各纪之间均发生了地壳抬升、剥蚀及地层缺失。志留纪仅在龙女寺构造的东缘和南北西侧沉积了一套海相碎屑岩和泥岩，志留纪末的晚加里东运动(相当于广西-柳江运动)在扬子准地台内形成了深大断裂控制的大隆大坳以及断块活动区，川中一带形成了乐山-龙女寺古隆起。经此次运动后地壳持续抬升为陆，长期遭受剥蚀，导致四川盆地大部分地区缺失泥盆纪、石炭纪地层，川东、川西北及研究区则缺失上志留统、泥盆系及下石炭统地层。晚石炭世末的云南运动使地壳又一次上升为陆，华蓥西与川东地区石炭系普遍出露，导致上石炭统黄龙组黄三段地层遭受了剥蚀。

　　海西早期地壳再度沉降，发生更大规模的海侵，沉积了以浅海碳酸盐为主的二叠系地层，造成了区域上石炭系与下二叠统之间的平行不整合关系。至中三叠世末，印支运动又一次使地壳抬升，发生大规模海退，导致海相沉积史的结束，转而成为内陆河湖相的沉积阶段，使上三叠统须家河组及其以上地层形成以砂、泥岩为主的岩性组合。最终，燕山、喜山期继承性发展成为现今的规模和格局。

　　1977 年，在华蓥山东侧的相国寺构造的 X18 井在石炭系获高产气流(日产 $76×10^4m^3$)，川中油气矿于 1984 年在研究区北部布置了 SH1 井，加深钻进中首次发现了石炭系地层，继后于 1985 年在 GC2 井进一步证实了华蓥西石炭系地层的存在。1988 年，在以钻探二叠系、三叠系为目的层的 L1 井也钻遇石炭系，残余地层厚度仅为 9m，经测试，该井段产微量天然气。但这 3 口井(S1、GC2 和 L1)均未获得工业气流，经初步研究认为石炭系气藏受构造圈闭控制。1990 年，川中油气矿以钻探石炭系构造圈闭为目的部署了 G3 井，结果钻在圈闭外，石炭系为水层，钻探失利。经研究认为，石炭系由南向北，地层下倾。地震勘探预测该区域南部 HX1 井和 HX2 井区石炭系为 I 类厚度区，且存在地层-构造复合圈闭。由此钻探了 HX1 和 HX2 井，结果 HX1 井获少量气，HX2 井获少量气和水。1995 年地震勘探发现了华蓥山断下盘潜伏高带的盆家湾等潜伏构造，钻探了 HX3 井，结果再次失利。不过，通过上述 6 口探井(L1 井除外)，研究人员取得了较为丰富的地质资料，为该区的石炭系地质研究奠定了基础。

二、地层特征

　　通过对工区及邻区 20 多口已钻遇石炭系的井所在地层对比发现，石炭系地层残厚 3～98m，为一套碳酸盐岩地层，底和顶分别与中志留统和下二叠统梁山组泥岩地层呈假整合接触。关于四川盆地石炭系黄龙组地层的对比与划分，现已积累了许多行之有效的方法和手段，在岩石、电性及沉积旋回等方面已形成了相对一致、较为成熟的划分方案。在岩石地层划分方面，各油气生产企业、科研院所及高校根据生产科研的实际需要，现已形成了相对一致、较为成熟的划分方案，通常将石炭系黄龙组进行三分。除个别井因遭受剥蚀，各小层具有明显的岩性及电性组合特征(图9-2)。

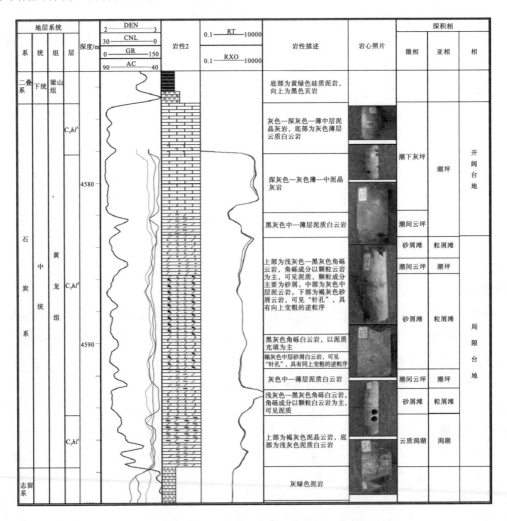

图9-2　HX1井黄龙组地层综合特征图

黄龙组一段(C_2hl^1)：岩性主要为泥晶白云岩、泥质白云岩，局部见角砾白云岩、砂屑白云岩及少量灰质白云岩。伽马测井(GR)较高，为50～150API；电阻率较低，变化较大，为80～1400Ω·m；曲线组合呈钝齿钟形、微齿箱型。

黄龙组二段(C_2hl^2)：岩性主要以泥粉晶白云岩、角砾白云岩及砂(砾)屑泥粉晶白云岩不等厚互层为特征；GR变化较大，为20～90API；电阻率值较高，深浅电阻率差异明显；曲线组合呈微齿漏斗形、钝齿箱型、锯齿箱型。该段显著特征是发育厚度较大的岩溶成因的角砾云岩，厚度占C_2hl^2的14.98%～60.02%。

黄龙组三段(C_2hl^3)：岩性主要为泥晶灰岩、生物碎屑灰岩、角砾灰岩、泥粉晶白云岩、角砾云岩；GR 略低于黄龙组二段，为 20～60API，表现出两个尖峰、自下而上呈两个高—低变化特征。电阻率值较高，呈箱型。

三、岩石学特征

通过对研究区 L1 井、GC2 井、G3 井、HL1 井、SS1 井、HX1 井、HX2 井和 HX3 井等取心井的岩心进行观察，统计发现黄龙组岩性主要包括白云岩、石灰岩及它们的过渡岩类(图 9-3)，具体的岩石类型有细粉晶白云岩、泥晶白云岩、砂屑泥粉晶白云岩、角砾白云岩、泥质白云岩、砂屑白云岩、泥晶灰岩、生物碎屑灰岩、角砾灰岩、灰质白云岩等10 种岩性。

(a)浅灰色砂屑白云岩。见粒序层，黑灰色泥质条纹，GC2 井，4945.3m，C_2hl^2，岩心

(b)深灰色泥粉晶白云岩，HX3 井，4635.3m，C_2hl^1，岩心

(c)灰色砾屑灰质白云岩。砾径为2~10mm，分选差，HX1 井，4579.88m，C_2hl^3，岩心

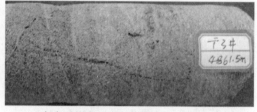
(d)灰色砂屑白云岩。发有溶孔、裂缝，G3井，4861.5m，C_2hl^3，岩心

图 9-3　黄龙组典型沉积岩类型的岩心

细粉晶白云岩：晶径为 0.02～0.1mm，可进一步划分为粗粉晶和细粉晶，细粉晶白云岩相对较多。偶含少数个体小的薄壳介形虫、有孔虫。在 C_2hl^2 段上部和 C_2hl^3 的粉晶白云岩晶间隙常被沥青充填或半充填，残余晶间隙为 1%～3%。

砂屑白云岩：砂屑为粗—中砂级，分选和磨圆度好，可含个别有孔虫，孔隙边缘有一个微粒白云石胶结，质量分数小于 7%左右，沥青环孔隙壁充填，质量分数为 6%～9%，原生粒间残余孔隙为 9%～16%不等，个别小于 9%或大于 16%，此外有 5%～8%的次生溶孔。单层厚度为中、厚层，见正粒序层。

角砾白云岩：角砾成分主要为砂屑白云岩、细粉晶白云岩、微晶白云岩，少数为含生物碎屑的细粉晶或微晶白云岩。角砾最大直径大于 13cm(岩心中仅见垂向角砾屑的一部分),一般 5cm 或更小为常见,呈棱角状或半棱角状,较小的可呈半圆形,质量分数为 50%～80%,杂乱堆积,可见正粒序层。角砾间多为泥质、白云石泥—粉晶屑白云石及砂—粉砂级的细粉晶白云岩,见少量石英粉砂。结合岩心、薄片及前人研究资料,本书认为黄龙组的角砾白云岩是岩溶作用的结果。

潮坪干裂角砾屑白云岩:由下伏的白云岩暴露干裂成厚度小于 0.5cm 的板片状,局部呈帐篷状构造,小角砾有磨圆现象,角砾间被亮晶白云岩充填。

亮晶含生物(屑)、鲕粒(或小的核形石)、凝块石白云岩仅见于 SS1 井,生物有个体较小的节房虫、球瓣虫和介形虫,鲕粒或小的核形石包壳层薄且发育不良,砂屑为微晶白云岩,且常成塑性变形砂屑,常组成正粒序层,底部为冲刷面构造,因此是盆内能量不高的风暴浪作用的沉积层。

泥晶灰岩:主要由粒径小于 0.005mm 的灰泥沉积形成,质量分数多大于 70%,含有少量砂屑、生物碎屑。

砂屑灰岩:砂屑质量分数大于 55%,砂屑磨圆一般、分选一般,砂屑之间为灰泥或亮晶方解石胶结物。

角砾灰岩:角砾质量分数大于 60%,角砾分选较差,呈棱角状、次棱角状,角砾成分主要为砂屑灰岩、泥晶灰岩,角砾间为泥质充填。

四、同位素特征

石炭世晚期发生的云南运动使研究区抬升为陆,经短暂埋藏成岩的黄龙组遭受风化剥蚀及岩溶作用,黄龙组与上覆的二叠系梁山组为假整合接触。有的溶洞充填角砾间混入来自梁山组的含炭质泥,特别是 C_2hl^3 段不整合面之下的溶洞、溶孔、溶缝、溶沟等岩溶特征丰富、明显。此外,溶洞充填的角砾屑白云岩的 $\delta^{13}C$、$\delta^{18}O$ 明显地向负值偏移,尤以 $\delta^{18}O$ 负偏显著(表 9-1、图 9-4)。$^{87}Sr/^{86}Sr$ 则向正偏移,说明岩溶作用发生在富含 ^{12}C、^{16}O 的来自大气源的 CO_3^{2-} 和富含 ^{87}Sr 的下渗大气水的潜流中。阴极发光下角砾屑溶解边缘发橙黄色光,溶孔、洞中充填的白云岩或方解石沿生长线呈橙红色与红褐色交替环带发光,为典型的渗流带沉淀产物。表 9-1 列出了溶洞充填角砾屑白云岩中白云石胶结物的碳氧同位素值,$\delta^{13}C(PDB)=0.416‰$,$\delta^{18}O(PDB)=-8.182‰$,与上述结论吻合。

HX1 井 4592.40～4593.40m、HX2 井 4661.55～4662.24m 均为岩溶溶洞充填角砾屑白云岩,已发生强烈的去白云石(方解石)化,原细粉晶白云岩角砾被方解石交代后残剩成大小不等的斑块或菱形体包于巨晶方解石中。交代角砾屑的方解石 $\delta^{13}C(PDB)$ 为-1.824‰～-1.551‰,$\delta^{18}O(PDB)$ 为-12.119‰～-8.175‰(表 9-1),说明方解石是来自与地表大气水有关的渗流—潜流带交代-沉淀产物。

表 9-1　华蓥西石炭系碳氧同位素分析(据刘德容，1999)

样 品 名 称	数量/个	$\delta^{13}C(PDB)$ /‰	$\delta^{18}O(PDB)$ /‰	样 品 名 称	数量/个	$\delta^{13}C(PDB)$ /‰	$\delta^{18}O(PDB)$ /‰
上段为微一粉晶石灰岩，生物碎屑、细砂屑石灰岩，生物凝块石灰岩	12	-0.631	-5.772	中段为粉晶白云岩，生物碎屑、砂屑白云岩	20	2.390	-1.369
		1.497	07.077			1.875	-1.245
		0.588	-8.180			2.453	-0.305
		0.435	-8.088			1.522	-0.444
		-0.273	-9.828			2.705	-0.851
		0.885	-8.902			3.461	-0.303
		1.474	-7.550			0.043	-1.171
		-2.526	-6.680			1.506	-0.222
		0.467	-8.655			1.274	-1.391
		0.061	-8.891			2.687	-0.811
		-0.865	-11.187			2.232	0.560
		0.265	-9.272			0.471	1.125
上段中交代微晶石灰岩（质量分数为70%以上）的含钙质粉晶白云岩和粉晶白云岩	3	0.675	-7.629			-0.958	0.118
		-1.292	-8.212			2.151	-1.568
		1.329	-5.828			3.016	-0.423
潮坪干裂角砾屑石灰岩中方解石胶结物	1	-2.952	-8.589			1.394	-0.105
潮坪干裂角砾屑白云岩中白云石胶结物	1	-2.362	-6.849			-0.872	-0.242
中段交代溶洞充填白云岩角砾屑的方解石和方解石胶结物	3	-1.693	-9.985			1.652	-0.226
		-1.824	-8.175			1.037	0.892
		-1.551	-12.119			0.052	-2.707
中段溶洞充填角砾屑白云岩的白云石胶结物	1	0.416	-8.182	中段溶洞充填角砾屑白云岩(角砾屑填隙物、胶结物混合样)	6	2.132	-2.507
						-0.268	-3.201
						2.425	-2.557
						1.510	-2.459
						-1.752	-5.793
						2.605	-0.934
下段底部底砾岩(陆源碎屑砂、细砾屑的砂屑白云岩或石灰岩)	2	-2.363	-6.849	藻层纹石白云岩	1	2.132	-2.507
		-2.146	-11.897			-2.1890	-7.134

注：据 GC2 井和 HX1、HX2、HX3 井共 50 个样品分析资料

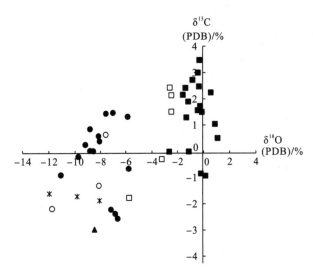

图 9-4　黄龙组各类碳酸盐岩及胶结物的 $\delta^{13}C$ 与 $\delta^{18}O$ 关系图

五、锶同位素特征

从 HX1 井溶洞充填的角砾屑白云岩及灰岩样品的 $^{87}Sr / ^{86}Sr$ 向正偏移（图 9-5），说明岩溶作用发生在富含 ^{12}C、^{16}O 的来自大气源的 CO_3^{2-} 和富含 ^{87}Sr 的下渗大气水的潜流中。由于石炭世晚期发生了云南运动，研究区抬升为陆，经短暂埋藏成岩的黄龙组遭受风化剥蚀及岩溶作用，黄龙组与其上的二叠系梁山组为假整合接触。在有的溶洞中充填的角砾屑基质中可或多或少地混入来自梁山组的含碳质泥岩，特别是 C_2hl^3 段侵蚀面之下的小溶孔、洞、沟中较丰富。

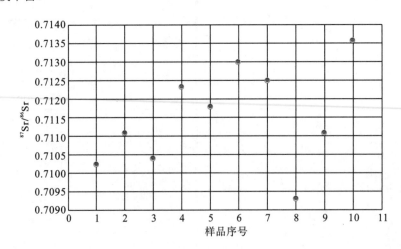

图 9-5　HX1 井 $^{87}Sr/^{86}Sr$ 分布特征图

六、流体包裹体特征

从 HX1 井、HX2 井、HX3 井和 Guang3 井取自溶蚀的孔、洞中充填的白云石、方解石和石英中的流体包裹体特征可以看出（表 9-2），其均一温度分布范围较宽，主要存在两种类型的流体包裹体：①油浸—灰黑的有机包裹体，其均一温度为 100～120℃，这温度与烃源岩排烃的温度基本一致，为油气成藏过程中捕获的包裹体；②溶蚀孔洞中的白云石及胶结物包裹体，其均一化温度主要集中在 120～140℃，个别包裹体的均一温度接近200℃。假设古地表温度为 15℃，古地热梯度为 3.0℃/100m（川中地区石炭系的古地温梯度没有这么高），该地区石炭系最大埋深为 5000m 左右，计算得到理论上的流体包裹体温度不超过 165℃，这说明白云石化作用也受后期成岩作用的影响，即有热液的参与。

表 9-2　充填孔隙系统矿物中包裹体特征

井号	被测矿物的产状	气液比/%	颜色	大小/μm	包裹体类型	均一温度/℃
HX1 井	溶蚀孔、洞中充填的白云石	<3～<5	无色，个别为浅褐色	<5～<8	液体	140～180
	溶蚀孔、洞中充填的白云石	<3～<5	无色	<5～<8	液体	120～140
	溶蚀沟、洞、裂缝中充填的方解石	<3～<8	无色	<5～<12	液体	70～160（集中于 100～130）
	溶蚀孔、沟、洞、裂缝中充填的方解石	<3～<5	油浸—灰黑	<5～<10	有机	100～120
HX2 井	溶蚀孔、沟、洞及裂缝中充填的方解石	10～20（2 个为 5）	无色，个别为棕黑色	4×6～8×6	气液	74～164（51、179、194 各 1 个）
	溶蚀孔、洞中充填的石英	15～25	无色	4×2～4×6	气液	
	溶蚀孔、洞、沟及裂缝中充填的方解石	5～15 10～20	灰褐色，边缘为棕色 灰褐色、棕红色	6×3～10×4 4×4～10×5	含烃 有机	122～162 140～162（1 个 200）
	溶蚀孔、洞中充填的石英	20	灰褐色	4×4	含烃	153
HX3 井	溶蚀孔、洞（扩溶）裂缝中充填的白云石	5～10 5～10	无色 无色	8～10 5～15	液体 液体	原生为 92～116 次生为 94～135
Guang3 井（部分样品）	粒间白云石胶结物、溶缝充填的白云石	8～25	无色，个别为棕色	1×2～4×2	气液	154～198

第二节　广安构造二叠系茅口组白云岩成因

一、地质概况

截至 2014 年底，川中地区钻遇下二叠系地层的井有 14 口，在茅口组地层中发现了具有工业气流的白云岩储层，证实了茅口组白云岩储层空间分布的非均质性。前人对四川盆地下二叠系白云岩成因环境已有初步的探索和研究，已取得了丰硕的研究成果。较早趋于混合白云石化成因环境，后来提出了构造-热液、埋藏白云石化及混合白云石化等多种成因机制和成因环境(何幼斌和冯增昭，1996)。以往的研究成果主要集中于对白云岩形成环境的研究，对白云岩储层特征及发育主控因素研究较少，而且研究区域还没有完全覆盖整个四川盆地下二叠统的白云岩地层，特别是对川中地区下二叠统茅口组白云岩储层特征及主控因素的研究工作尤显薄弱。因此，本书将结合研究区茅口组的岩石学特征、储集空间特征、地球化学资料及地震响应特征分析研究区茅口组白云岩储层特征，剖析其形成环境，分析其发育主控因素。研究成果不仅可以丰富四川盆地下二叠系白云岩成因理论，还可以探索白云岩储层的储集意义，也可为该区下一步针对白云岩储层的勘探提供地质依据。

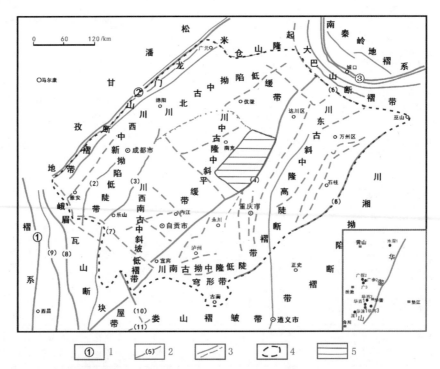

1.一级深断裂；2.二级基底断裂；3.三级断裂；4.盆地边界；5.研究工区
断裂名称：①安宁河；②龙门山；③城口
(1)彭灌；(2)熊坡；(3)龙泉山；(4)华蓥山；(5)七跃山；(6)万源；(7)峨眉-瓦山；
(8)汉源；(9)普熊河；(10)垭都-马山；(11)昭通

图 9-6　研究区构造纲要图

川中地区下二叠统茅口组地层分布于华蓥山构造西麓，东起华蓥山、西至岳池、北抵水口场、南达涞滩场。区域构造位置隶属川中古隆中斜平缓带构造区，与川东古斜中隆高陡断褶带相邻，分布于华蓥山断裂的西侧(图9-6)。

研究区下二叠统地层发育有梁山组、栖霞组和茅口组等地层。受区域构造的影响，梁山组地层以不整合的形式覆盖于石炭系地层之上，最早沉积的梁山组为厚度不大的浅灰色铝土质泥岩，属大陆风化残积产物。向上过渡为黑色碳质页岩夹煤线的滨海沼泽沉积，局部出现含海洋生物的细—粉砂岩或薄层泥灰岩的滨海沉积。随后，大规模的海侵到来，主要为正常浅海碳酸盐岩台地相。当时地壳稳定，海域开阔，生物繁茂，纵向上形成了栖霞组和茅口组。茅口组地层受东吴运动的影响，与上覆龙潭组呈不整合接触。根据对区内钻井取心资料和岩屑录井资料的分析可知，茅口组地层从下往上可划分为三段。茅一段为黑灰色中层状泥质泥晶灰岩、泥岩及灰岩，可见"眼球状"构造，发育有腕足、介形虫、绿藻等，与下伏栖霞组整合接触。茅二段为深灰色泥晶生物碎屑灰岩，生物以有孔虫、蜓类、介形虫为主。茅三段遭受剥蚀，在后期成岩演化过程中发育多套白云岩，与上覆龙潭组呈假整合接触，龙潭组底部为一套区域上稳定分布的铝土质泥页岩与茅口组分界。

二、岩石学特征

根据对研究区已完钻井的取心资料、岩屑录井资料、分析化验资料及薄片鉴定资料的综合分析可知，研究区茅口组地层发育有畸形白云岩、泥—粉晶白云岩、细—中晶白云岩、针孔状白云岩、角砾白云岩、岩溶角砾岩及砂糖状白云岩，灰岩主要为砂屑灰岩、泥晶灰岩，局部可见白云质灰岩及硅质灰岩(图9-7)。储层主要发育于白云岩中，几乎没有或很少有储层分布于灰岩中。

(1)细—中晶白云岩。该类岩石的晶体大小为 $0.1\sim0.25mm$、结晶程度较高。在显微镜下，这类白云岩晶体多呈半自形晶—他形晶，晶体间呈直线形至凹凸形接触，有的甚至具镶嵌结构，晶体表面有混浊的，也有洁净明亮的，这可能与其成因的多样性有关。

(2)角砾白云岩。根据角砾成因可将研究区茅口组的角砾云岩进一步分为断层角砾岩及岩溶角砾岩。断层角砾岩分布于断层附近，角砾成分主要为泥晶云岩，角砾不具分选性，砾间亮晶方解石胶结，多期构造缝发育，彼此斜交，充填物多为亮晶方解石。

(3)岩溶角砾岩。研究区岩溶角砾岩多发育在风化壳岩溶顶部，为岩溶洞穴垮塌成因，成分为岩溶角砾、陆源碎屑、渗泥质等，溶斑常见，局部见具正粒序层的暗河充填物。

(4)畸形白云石。在岩心中可明显地看到溶孔及溶缝中的充填物。溶孔中充填物主要以细—中粒白云石为主，见自生石英，其中白云石多为半自形与自形，表面干净，畸形白云石常见，多具晶面弯曲、波状消光、解理缝弯曲特点。

(5)泥晶灰岩。以深灰色为主，颗粒质量分数小于 10%，灰泥质量分数大于 90%。可见少量的粉屑、球粒和生物碎屑，泥质质量分数为 6%～12%。泥质含量增高时，可过渡为含泥灰岩、泥质灰岩。该类岩石主要形成于滩间海、台内洼地、潮坪等低能环境中。

(a)GT2井，4710.79~4710.91 m，
茅三段，溶洞状中晶云岩

(b)GC井，4591.92~4592.05 m，
茅三段，角砾岩

(c)GC井，4590.55~4590.75 m，
茅三段，角砾岩

(d)GT2井，4709.65~4709.75 m，
茅三段，针孔状细晶白云岩

(e)GT2井，4711.22~4711.28 m，
茅三段，砂糖状中晶白云岩

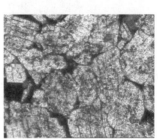

(f)GC2井，4688 m，茅二段，
细晶云岩，单偏光×100

(g)GC2井，4690 m，茅二段，
细晶云岩，单偏光×100

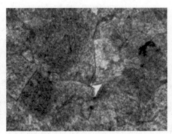

(h)GC2井，4594.74~4594.90 m，晶
粒云岩，畸形白云石（晶面弯曲）
（−）10×10

(i)GC2井，4606.42~4606.58 m，
晶粒云岩，糖状白云石，（−）
10×10

图 9-7　研究区茅口组岩性特征图

三、储集空间特征

　　根据对研究区取心井的岩心观察及薄片鉴定资料的统计，茅口组白云岩储层发育有孔隙、洞穴、裂缝及喉道等类型的储集空间(图9-8)。其中以孔隙(溶孔、溶洞、粒间孔、粒间溶孔)和裂缝为主，溶缝和粒内溶孔次之，喉道仅在个别薄片中见到。

(a)GC2井，茅三段，4611.78 m，
细晶云岩，粒间孔发育

(b)GC2井，茅三段，4614.08 m，
细晶云岩，晶间孔、晶间溶孔
发育

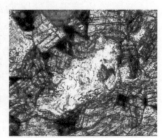

(c)GC2井，茅二段，4688 m，
含灰质云岩，晶间溶孔发育，
（−）×100

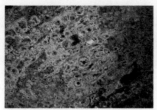  

(e)GC2井，茅三段，4608.77 m，生物云岩，发育体腔孔　(f)GC2井，茅三段，4597.78~4598.01m，细晶云岩，溶洞发育　(g)GC2井，茅三段，4611.26~4611.49 m，灰色细晶云岩，网状溶缝、溶洞发育

图 9-8　研究区茅口组储层储集空间特征图

(1)裂缝。在研究区茅口组的岩心中可见大量全充填、半充填、未充填的微裂缝，这些裂缝多数表现为 Y 形张节理缝，反映出研究区茅口组地层经历过拉张应力的作用[图 9-8(c)]。

(2)粒间孔(溶孔)。此类孔隙空间普遍发育，主要分布于砂糖粒状白云岩的颗粒之间，粒缘多呈尖棱状，偶见沿粒缘溶蚀呈不规则港湾状，孔径一般为 0.5~2.0mm，连通性好，是茅口组白云岩储层的主要储集空间类型[(图 9-8(a)]。此类型的储层在 GC2 井茅三段较为发育。

(3)晶间孔(溶孔)。此类孔隙主要分布于白云石晶粒之间，为白云石化后晶粒收缩所产生。茅口组砂糖粒状白云岩中多为晶间孔，少见沿粒缘溶蚀，孔径为 0.02~0.2mm，连通性好，可形成优质储层[(图 9-8(b)]。

(4)粒内溶孔。为生物选择性溶蚀而成，粒内溶孔之间连通性差。若其发育于砂糖粒状白云岩中，则可与白云岩晶粒的晶间孔连通而使连通性得以改善[(图 9-8(e)]。此类储集空间是砂糖粒状白云岩的重要储集空间，孔径为 0.01~0.1mm。

(5)溶洞。溶洞是由溶孔继续溶蚀扩大所形成，孔隙性溶洞本身连通性较差，若与其他孔隙类型或裂缝连通则具有重要的储集意义[(图 9-8(f)]。

(6)溶缝。沿裂缝局部溶蚀扩大，呈串珠状分布，连通性好[(图 9-8(g)]。

四、物性特征

根据研究区茅口组 120 多个样品的物性分析结果可知，研究区茅口组白云岩储层的孔隙度为 0.18%~14.6%，测试孔隙度小于 1%的占 50%以上，大于 2%的所占比例为 21.9%。渗透率为 $0.11×10^{-3}~0.34×10^{-3}\mu m^2$，个别样品因存在微裂缝，导致其渗透率偏高。由此可以看出研究区茅口组白云岩储层的基质孔隙度较低，属于低孔-低渗储层。

五、白云岩储层形成的物质基础

在野外剖面考察、室内岩心观察及岩屑录井资料分析的基础上，结合茅口组的岩性组合、沉积组构、生物组合、成因机理等方面的特征，本书认为该区茅口组为开阔台地沉积环境，具有陆表海台地沉积性质，不具有沉积生成白云石化的环境，由此可以推测研究区茅口组白云岩应属于后期形成。不同的沉积环境，形成的岩石类型也不相同，在成岩过程中白云石化程度也不一样，造成其储集空间类型及储集空间大小也不一样。通过镜下观察发现，研究区茅口组的细—中晶白云岩、泥—粉晶灰质白云岩、白云质灰岩及灰岩具有不同的储集空间特征。

由于强烈的白云石化作用，原岩被全部晶粒化，形成细—中晶白云石，呈砂糖状，白云石质量分数大约为95%。溶孔、溶洞及粒间孔发育，溶孔为1~2mm，溶洞呈不规则状，多为沿裂缝溶蚀扩大而成，大者可达7cm，溶洞多数被自形晶白云石半充填；晶粒大小以及自形程度相对不均，在裂缝及溶洞附近，晶体相对要完整得多，自形程度较高。其他部位相对较细、自形程度相对较低。对于那些发育完好的白云石晶体，多以半自形—自形为主，可见完整的菱形晶体，晶体间直角边，部分晶体可见有雾心亮边结构；粒间孔孔径为0.1~0.2mm，大者可达0.5mm以上；粒内溶孔较发育，多为生物体腔孔，孔径为0.05~0.1mm。白云石多具有畸形特征（晶面弯曲、解理弯曲、波状消光）。

泥—粉晶灰质白云岩和白云质灰岩为原岩白云石化作用不彻底的产物，白云石质量分数为10%~78%，晶间溶孔、粒内溶孔较发育，孔径为0.02~0.1mm。

灰岩多为褐灰色，泥—粉晶结构，几乎无白云石化，基质孔隙不太发育，多为生物体腔孔；但裂缝发育，部分井段裂缝呈网状，为构造缝和溶蚀缝，部分沿溶蚀缝发育溶孔及溶洞，多被方解石和碳质半充填，洞大者可达5cm，溶蚀孔洞缝发育的灰岩可作为较好的储集岩类。

六、白云岩的地化特征

白云岩与灰岩相比具有晶间孔更加发育、抗压实作用更强、原生孔隙更易保存及白云岩更容易形成溶蚀孔隙的优势。但白云石化作用仅仅是形成优质储层的必要条件，并非充分条件。例如，在白云石的质量分数较低时（最大不超过50%），白云石都呈分散的自形菱面体，岩石的原生孔隙变化很小；在白云石质量分数增大时，岩石的孔隙度显著增大；但当白云石质量分数大于80%左右时，岩石的孔隙度显著下降，这是因为岩石孔隙中充填了晚期的白云石质溶液的沉积物所引起。

碳氧同位素地球化学指标能够定量或半定量地反映成岩溶液的某些特征。随着研究的不断深入，碳氧同位素资料越来越多地应用于白云岩成因机理及白云岩储层形成环境的分析之中。一般认为古代碳酸盐岩形成后，碳同位素难以交换而使其$\delta^{13}C$较为稳定，受成岩作用的影响相对较小，所以可以更多地反映沉积环境的变化。从研究区GC2井茅口组白云岩碳氧同位素的分析结果可以看出（表9-3），茅口组白云岩的$\delta^{13}C$(PDB)为1.78‰~3.95‰，均值为3.40‰；$\delta^{18}O$(PDB)为-7.39‰~-3.80‰，均值为-6.32‰。按照Hudson总结的海相碳酸盐岩沉积物的碳氧同位素分布规律[即海相碳酸盐岩的$\delta^{13}C$(PDB)为-5‰~

5‰，δ^{18}O（PDB）为-10‰～2‰（PDB）]，GC2 井茅口组的白云岩应属于海相环境中形成的产物。从样品点的平面分布特征看，碳氧同位素值在平面上分布于 3 个区域，集中在δ^{13}C（PDB）为 3‰～4‰和 δ^{18}O（PDB）为-6.5‰～-7.8‰的区域，可能由于白云岩形成受多种因素的影响。而且，其线性相关性很差，说明碳氧同位素的值与深度变化的关系不大，研究区茅口组白云岩在形成过程中几乎不受埋深的影响。

表 9-3　GC2 井茅口组白云岩碳氧同位素

样品号	井段/m	δ^{13}C（V-PDB）/‰	δ^{18}O（V-PDB）/‰	古盐度（Z）
5	4592.92～4593.07	1.78	-6.55	127.684
9	4595.78～4595.89	3.89	-4.94	132.807
12	4598.33～4598.49	3.41	-7.02	130.788
15	4600.35～4600.62	3.52	-7.00	131.023
16	4602.44～4602.62	3.37	-6.80	130.272
17	4604.49～4604.64	3.70	-7.24	131.272
19	4604.64～4605.03	3.42	-4.75	131.939
20	4606.42～4606.58	3.95	-3.80	133.497
22	4606.72～4606.84	3.67	-6.78	131.440
24	4608.54～4608.77	3.49	-7.27	130.827
27	4613.80～4613.98	3.16	-7.39	130.092

根据盐度计算公式 $Z=2.048\times(\delta^{13}C+50)+0.498\times(\delta^{18}O+50)$ 计算出的白云岩形成时的盐度特征如表 9-3 所示。GC2 井茅口组白云岩的盐度指数分布在 127.684～133.497，均大于120，反映其总体属于正常海水盐度的分布范围，表明了茅口组白云岩形成时受海水的影响较大，没有或很少有淡水的参与。由此可排除研究区白云岩的淡水白云石化和混合水白云石化的形成环境。

从 GC2 井多个碳酸盐岩样品阴极发光特征可以看出（图 9-9、图 9-10），白云岩发光颜色的变化范围较大，由暗橘黄色到橙红色都有分布。在一般情况下，混合水成因的白云岩阴极发光强度可达亮橘黄色；准同生和渗透回流成因的白云岩阴极发光呈暗红—暗褐色，多数为中心发亮光，边缘发暗光，发光性与雾心亮边一致；埋藏作用成因的白云岩发光强度最弱，为灰暗的暗褐色到不发光。由此可以初步判定研究区茅口组白云岩受埋藏作用、准同生及渗透回流作用等成因环境影响的可能性非常小。

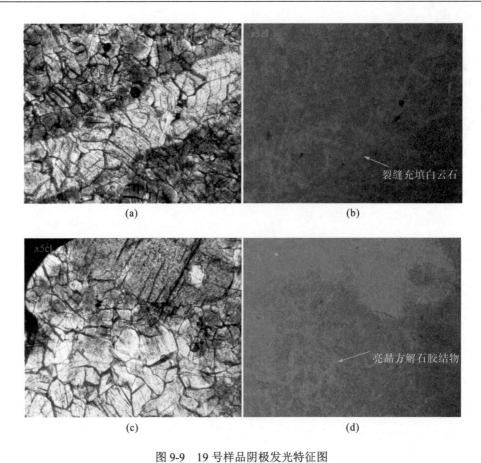

图 9-9　19 号样品阴极发光特征图

注：(a)和(b)为裂缝中充填的白云石发暗橘黄色光，亮晶方解石胶结物发黄色光；

(c)和(d)为白云石发暗橘黄色光，亮晶方解石胶结物发亮黄色光

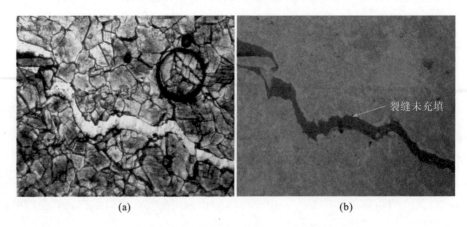

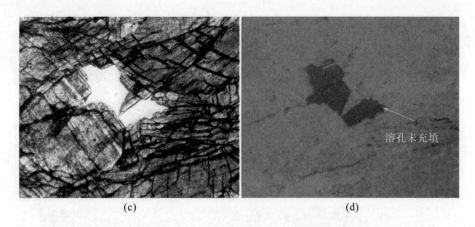

(c)　　　　　　　　　　　　　　　　(d)

图 9-10　24 号样品阴极发光特征图

注：(a)和(b)为裂缝未充填，白云石发橘黄色光，方解石胶结物发亮黄色光；

(c)和(d)为溶孔未充填，白云石发橙红色光、黄色光

　　从 GC2 井 5 块白云岩样品(测定溶孔及节理缝中的白云石晶体的包裹体温度)测定的流体包裹体结果分析可知，研究区白云岩中流体包裹体较为发育。除 GC2-22 样品存在两幕油气充注，其余样品均存在三幕充注。三幕的均一温度分别为 123.7～128.3℃、144.7～146.3℃、167.0～173.4℃，其平均值分别为 125.60℃、145.84℃和 169.16℃(表 9-4、图 9-11 和图 9-12)。

表 9-4　GC2 井茅口组白云石化流体包裹体均一温度

序号	样品编号	井段/m	盐水包裹体均一温度/℃		
			(第一幕)Th_1	(第二幕)Th_2	(第三幕)Th_3
1	GC2-12	4598.33～4598.49	123.7	145.9	167.4
2	GC2-19	4604.64～4605.03	124.1	146.2	167.0
3	GC2-20	4606.42～4606.58	128.3	146.1	167.3
4	GC2-22	4606.72～4606.84	—	146.3	170.7
5	GC2-24	4608.54～4608.77	126.3	144.7	173.4

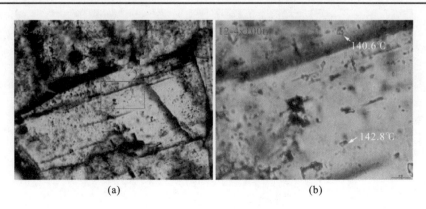

(a)　　　　　　　　　　　　　　　　(b)

图 9-11 12 号样品流体包裹体特征图

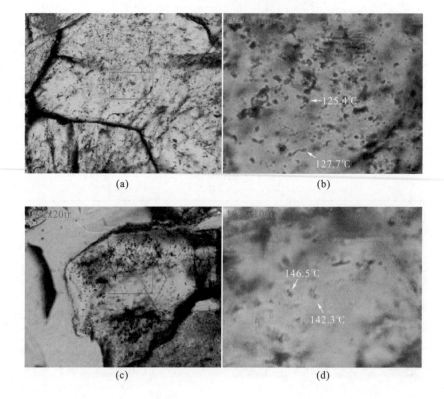

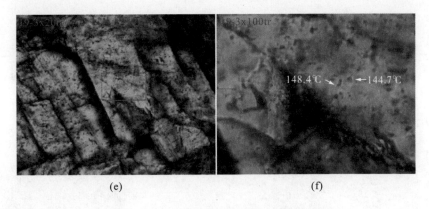

图 9-12　19 号样品流体包裹体分布特征图

从表 9-4、图 9-11 和图 9-12 中可以看出，研究区茅口组白云石化流体包裹体不仅存在油或气的多期充注、均一化温度范围变化较大的特征，而且在同一样品中存在多个不同温度的流体包裹体。究其原因可能有三点：①白云岩晶体的结晶速度比较缓慢，结晶过程中捕获的包裹体跨越的时间较长；②白云岩包裹体形成之后，在埋藏或其他作用下受热的包裹体发生再次平衡，其均一化温度随之升高，白云岩包裹体的最高温度反映了热液活动时形成的温度；③原生包裹体和次生包裹体在测定过程中难以区分，可能测到了次生包裹体的温度。

从表 9-4 还可以看出，研究区茅口组白云岩晶体最低温度为 123.7℃，最高温度为 173.4℃。假设地面平均温度为 20℃，川中地区古地温梯度为 2.2～2.6℃/100m，研究区茅口组的埋藏深度一般不会超过 4700m，正常情况下其经历的最高温度不会超过 150℃，而研究区白云岩晶体第三幕的充注温度均超过了 160℃（与围岩的温差不低于 5℃），可能与局部的热液有关，不可能为正常埋深作用形成的，即研究区茅口组白云岩形成的环境不可能是埋藏成因环境，最大的可能是与局部热液有关，即构造-热液环境形成的白云岩。从钻井揭示的白云岩分布特征也可看出，研究区茅口组白云岩分布具有极强的非均质性，不是成层分布，即可以排除埋藏白云石化作用环境。

七、断裂作用是目的层白云岩及白云岩储层形成的关键

断裂作用是发生热液溶蚀作用的关键，也是白云岩储层形成的关键。断裂通道不仅为热液上窜提供了通道，也为热液的冷却、混合及溶蚀作用发生提供了空间。从前面的分析可知，热液白云岩以较大的溶蚀孔隙（可见溶蚀作用的扩大缝）、中—粗晶白云石以及溶孔中见少量的鞍形白云石充填物为特征。热液一般受断层的控制，溶蚀作用发生在断裂破碎较为严重的地方或流体运移遇堵的区域。要形成热液白云岩，断裂和盖层是必不可少的条件。

从区域调研资料的分析可知，在茅口组沉积以后发生了东吴运动，使得茅口组与龙潭组呈不整合接触。龙潭组主要以泥岩为主，可以作为全区的封闭性盖层。从过 G3 井的地

震剖面看(图9-13),研究区发育有连通基底的正断层,地震同向轴在断层附近表现为反射层不连续或扭曲折断现象,与基底断层构成负花状构造,反映出茅口组沉积后曾经受过拉张作用。正是这种拉张作用形成的裂缝为底部的热液沿断裂上窜提供了通道,为后续构造-热液白云岩的形成以及发生溶蚀作用奠定了基础。由此也可以看出,构造-热液白云岩的分布主要是沿断裂分布,空间上具有极强的非均质性。

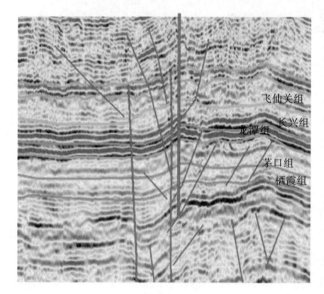

图9-13   过G3井的地震反射及断层发育特征图

从钻井过程中可证实断裂的存在和空间分布的非均质性。GC1井钻至井深4590m进入茅口组19m后下244.5mm套管固井时,发生井漏,后循环钻井液时发生井喷,经分析,喷气层位属于茅口组三段。在距GC1井460m的地方钻探了GC2井,在GC2井茅口组三段取心发现距茅口组顶部20~40m处发育有20m厚的细晶白云岩,经中途测试获工业气流(产气$2.98 \times 10^4 m^3/d$、水$432 m^3/d$)。但在距GC1井3.5km的G3井的茅口组三段中未见该套白云岩(该井在茅口组顶部没有断裂的分布)。

八、综合认识

综合岩心观察、镜下分析、同位素、盐水包裹体均一温度、阴极发光,栖霞组白云岩的存在,钻井中在局部区域钻遇峨眉山玄武岩,以及地震断层解释,本书综合认为该区茅口组白云岩成因为构造-热液成因。其成因模式可能是热液沿着张性断裂向上运移,并在断裂附近形成白云岩,在基底隆起地带,热液沿裂缝向上运移到茅口组形成白云岩。

参 考 文 献

陈代钊，2009. 构造-热液白云化作用与白云岩储层[J]. 石油与天然气地质，29(5)：614-622.

陈汉林，杨树锋，董传万，等，1997. 塔里木盆地地质热事件研究[J]. 科学通报，42(10)：1096-1099.

陈永权，周新源，杨文静，2009. 塔里木盆地寒武系白云岩的主要成因类型及其储层评价[J]. 海相油气地质，14(4)：10-17.

党志，侯瑛，1995. 玄武岩-水相互作用的溶解机理研究[J]. 岩石学报，11(1)：9-15.

方少仙，侯方浩，董兆雄，等，1999. 黔桂泥盆、石炭系白云岩的形成模式[J]. 石油与天然气地质，20(1)：34-38.

冯增昭，1998. 碳酸盐岩岩相古地理[M]. 北京：石油工业出版社.

高梅生，郑荣才，文华国，等，2007. 川东北下三叠统飞仙关组白云岩成因：来自岩石结构的证据[J]. 成都理工大学学报(自然科学版)，34(3)：297-302.

顾家裕，2000. 塔里木盆地下奥陶统白云岩特征及成因[J]. 新疆石油地质，21(2)：120-122.

何莹，鲍志东，沈安江，等，2006. 塔里木盆地牙哈—英买力地区寒武系—下奥陶统白云岩形成机理[J]. 沉积学报，24(6)：806-818.

何幼斌，冯增昭，1996. 四川盆地及其周缘下二叠统细—粗晶白云岩成因探讨[J]. 江汉石油学院学报，18(4)：15-20.

亨德森，1989. 稀土元素地球化学[M]. 北京：地质出版社.

胡忠贵，2009. 川东—渝北地区石炭系白云岩成因与成岩系统研究[D]. 成都：成都理工大学.

黄擎宇，张哨楠，丁晓琪，等，2010. 鄂尔多斯盆地西南缘奥陶系马家沟组白云岩成因研究[J]. 石油实验地质，32(2)：147-158.

黄思静，石和，毛晓冬，等，2003. 早古生代海相碳酸盐的成岩蚀变及其对海水信息的保存性[J]. 成都理工大学学报(自然科学版)，30(1)：9-18.

贾振远，郝石生，1989. 碳酸盐岩油气形成和分布[M]. 北京：石油工业出版社.

金振奎，冯增昭，1999. 滇东—川西下二叠统白云岩的形成机理—玄武岩淋滤白云化[J]. 沉积学报，17(3)：383-389.

金之钧，朱东亚，胡文瑄，等，2006. 塔里木盆地热液活动地质地球化学特征及其对储层影响[J]. 地质学报，80(2)：245-253.

雷国良，王长生，钱志鑫，等，1994. 贵州岩溶沉积物稀土元素地球化学研究[J]. 矿物学报，14(3)：298-308.

雷怀彦，朱莲芳，1992. 四川盆地震旦系白云岩成因研究[J]. 沉积学报，10(2)：69-78.

李安仁，张锦泉，郑荣才，1993. 鄂尔多斯盆地下奥陶统白云岩成因类型及其地球化学特征[J]. 矿物岩石，13(4)：41-49.

李定龙，2001. 皖北奥陶系古岩溶及其环境地球化学特征研究[M]. 北京：石油工业出版社.

李凌，谭秀成，陈景山，等，2007. 塔中北部中下奥陶统鹰山组白云岩特征及成因[J]. 西南石油大学学报，29(1)：34-36.

李荣，焦养泉，吴立群，等，2008. 构造热液白云石化———种国际碳酸盐岩领域的新模式[J]. 地质科技情报，27(3)：35-40.

廖静，董兆雄，2008. 渤海湾盆地歧口凹陷沙河街组一段下亚段湖相白云岩及其与海相白云岩的差异[J]. 海相油气地质，13(1)：18-24.

蔺军，周芳芳，袁国芬，2010. 塔河地区寒武系储层深埋藏白云石化特征[J]. 石油与天然气地质，31(1)：13-27.

刘建清，贾保江，杨平，等，2008. 羌塘盆地中央隆起带南侧隆额尼-昂达尔错布曲组古油藏白云岩稀土元素特征及成因意义[J]. 沉积学报，26(1)：28-38.

刘小平，吴欣松，张祥忠，2004. 轮古西地区奥陶系碳酸盐岩古岩溶储层碳、氧同位素地球化学特征[J]. 西安石油大学学报(自然科学版)，19(4)：69-76.

刘新民，郭战峰，付宜兴，等，2007. 神农架地区灯影组储集层成岩作用研究[J]. 资源环境与工程，21(3)：240-244.

刘永福，殷军，孙雄伟，等，2008. 塔里木盆地东部寒武系沉积特征及优质白云岩储集层成因[J]. 天然气地球科学，19(1)：126-132.

马锋，许怀先，顾家裕，等，2009.塔东寒武系白云岩成因及储集层演化特征[J]. 石油勘探与开发，36(2)：144-155.

马永生，2007. 四川盆地普光超大型气田的形成机制[J]. 石油学报，28(2)：9-14.

马永生，蔡勋育，2006. 四川盆地川东北区二叠系—三叠系天然气勘探成果与前景展望. 石油与天然气地质，27(6)：741-750.

明海会，高勇，杨明慧，等，2005. 黄骅拗陷千米桥潜山奥陶系峰峰组—马家沟组白云岩成因[J]. 西安石油大学学报：自然科学版，20(4)：35-42.

牟传龙，谭钦银，余谦，等，2004. 川东北地区上二叠统长兴组生物礁组成及成礁模式[J]. 沉积与特提斯地质，24(3)：65-71.

牛晓燕，李建明，2009. 中扬子西部地区灯影组白云岩储集层控制因素分析[J]. 石油地质与工程，23(5)：32-34.

奇林格 G V，1978. 沉积学的进展——碳酸盐岩[M]. 冯增昭译. 北京：石油工业出版社.

钱一雄，邹远荣，陈强路，等，2005. 塔里木盆地塔中西北部多期、多成因岩溶作用地质——地球化学表征[J]. 沉积学报，2(4)：596-603.

钱峥，1999. 川东石炭系碳酸盐岩孔隙演化中的埋藏胶结作用[J]. 石油大学学报(自然科学版)，23(3)：9-12.

强子同，2007. 碳酸盐岩储层地质学[M]. 青岛：中国石油大学出版社.

邵龙义，何宏，彭苏萍，等，2002. 塔里木盆地巴楚隆起寒武系及奥陶系白云岩类型及形成机理[J]. 古地理学报，4(2)：19-30.

邵龙义，韩俊，马锋，等.2010. 塔里木盆地东部寒武系白云岩储层及相控特征[J]. 沉积学报，28(5)：953-961.

沈昭国，陈永武，郭建华，1995. 塔里木盆地下古生界白云石化成因机理及模式探讨[J]. 新疆石油地质，16(4)：319-323.

宋来明，彭仕宓，穆立华，等，2005. 油气勘探中的碳酸盐岩古岩溶研究方法综述[J]. 煤田地质与勘探，33(3)：15-18.

宋永光，刘树根，黄文明，等，2009. 川东南丁山—林滩场构造灯影组热液白云岩特征[J]. 成都理工大学学报(自然科学版)，6(36)：7106-7151.

汤朝阳，王敏，姚华舟，等，2006. 白云化作用及白云岩问题研究述评[J]. 东华理工学院学报(自然科学版)，29(3)：205-210.

王英华，张秀莲，张万中，等，1989. 泥晶碳酸盐岩的超微结构分析及其成岩作用[J]. 北京大学学报，25(2)：243-248.

王英华，周书欣，张秀莲，1993. 中国湖相碳酸盐岩[M]. 徐州：中国矿业大学出版社.

王小芬，杨欣，2011. 鄂尔多斯盆地富县地区马五段碳酸盐岩成岩作用研究[J]. 岩性油气藏，23(3)：75-79.

王一刚，2002. 川东北飞仙关组鲕滩储层分布规律、勘探方法与远景预测[J]. 天然气工业，22(增刊)：14-19.

王勇，2006. "白云岩问题"与"前寒武纪之谜"研究进展[J]. 地球科学进展，21(8)：857-862.

沃里沃夫斯基 B C，萨尔基索夫，1991. 世界最大含油气盆地-无花岗岩型盆地和地球物理参数[M]. 任俞译. 北京：石油工业出版社.

吴其林，傅恒，蔺军，等，2010. 塔里木盆地寒武系热液白云化作用探讨[J]. 天然气技术，4(2)：17-19.

谢庆宾，韩德馨，陈方鸿，等，2001. 鄂尔多斯盆地下古生界三山子白云岩体成因及储集性[J]. 石油大学学报(自然科学版)，25(6)：6-12.

徐辉，1992. 华北地区下古生界白云岩类型与储集性[J]. 石油实验地质，14(1)：68-77.

徐世琦，洪海涛，张光荣，等，2004. 四川盆地下三叠统飞仙关组鲕粒储层发育的主要控制因素分析[J]. 天然气勘探与开发，27(1)：1-3.

杨威，王清华，刘效曾，2000. 塔里木盆地和田河气田下奥陶统白云岩成因[J]. 沉积学报，18(4)：544-548.

叶德胜，1989. 白云石及白云化作用研究的新进展[J]. 岩相古地理，40(2)：34-43.

叶德胜，1992. 塔里木盆地北部丘里塔格群(寒武至奥陶系)白云岩的成因[J]. 沉积学报，10(4)：77-86.

伊海生,高春文,张小青,等,2004. 羌塘盆地双湖地区古油藏白云岩储层的显微成岩组构特征及意义[J]. 成都理工大学学报, 31(6): 611-615.

由雪莲,孙枢,朱井泉,等,2011. 微生物白云岩模式研究进展[J]. 地学前缘, 18(4): 52-64.

曾伟,黄先平,杨雨,等,2007. 川东北下三叠统飞仙关组白云岩成因及分布[J]. 西南石油学院学报, 29(1): 19-22.

张静,胡见义,罗平,等,2010. 深埋优质白云岩储集层发育的主控因素与勘探意义[J]. 石油勘探与开发, 37(2): 203-210.

张军涛,胡文,钱一雄,等,2008. 塔里木盆地中央隆起区上寒武统—下奥陶统白云岩储层中两类白云石充填物特征与成因[J]. 沉积学报, 26(6): 957-966.

张奎华,马立权,2007. 济阳拗陷下古生界碳酸盐岩潜山内幕储集层再研究[J]. 油气地质与采收率, 14(4): 26-28.

张涛,云露,邬兴威,等,2005. 锶同位素在塔河古岩溶期次划分中的应用[J]. 石油实验地质, 27(3): 299-303.

张婷婷,刘波,秦善,等,2008. 川东北二叠系—三叠系白云岩成因研究[J]. 北京大学学报(自然科学版), 44(5): 799-809.

张小青,2005. 羌塘盆地双湖地区侏罗系白云岩成因及储集性研究[D]. 成都: 成都理工大学.

张永生,2000. 鄂尔多斯地区奥陶系马家沟群中部块状白云岩的深埋藏白云石化机制[J]. 沉积学报, 18(3): 424-430.

郑剑锋,沈安江,莫妮亚,等,2010. 塔里木盆地寒武系-下奥陶统白云岩成因及识别特征[J]. 海相油气地质, 15(1): 6-14.

郑剑锋,沈安江,刘永福,等,2011a. 塔里木盆地寒武-奥陶系白云岩成因及分布规律[J]. 新疆石油地质, 32(6): 600-604.

郑剑锋,沈安江,潘文庆,等,2011b. 塔里木盆地下古生界热液白云岩储层的主控因素及识别特征[J]. 海相油气地质, 16(4): 47-56.

郑剑锋,沈安江,刘永福,等,2013. 塔里木盆地寒武系与蒸发岩相关的白云岩储层特征及主控因素[J]. 沉积学报, 31(1): 89-98.

郑荣才,刘文均,1996. 白云岩成因在层序地层研究中的应用——以龙门山泥盆系为例[J]. 矿物岩石, 16(1): 28-37.

郑荣才,陈洪德,张哨楠,等,1997. 川东黄龙组古岩溶储层的稳定同位素和流体性质[J]. 地球科学, 22(4): 424-428.

朱井泉,1994. 华蓥山三叠系含盐建造中白云岩的成因阶段及其特征[J]. 岩石学报, 10(3): 290-300.

朱井泉,1996. 上扬子台地三叠系碳酸盐岩中的特形白云石及其指相意义初探[J]. 岩相古地理, 16(4): 32-40.

朱井泉,李永铁,2000. 藏北羌塘盆地侏罗系白云岩类型、成因及油气储集特征[J]. 古地理学报, 2(4): 30-32.

朱东亚,金之钧,胡文瑄,2009. 塔中地区热液改造型白云岩储层[J]. 石油学报, 30(5): 698-704.

周跃宗,雷卞军,赵永刚,等,2006. 川中—川南过渡带嘉二段成岩作用及其储集层发育[J]. 西南石油学院学报, 28(2): 11-15.

Adams J E, Rhodes M L, 1960. Dolomitization by seepage refluxion[J]. AAPG Bulletin, 44(12): 1912-1920.

Banner J L, Hanson G N, Meyers W J, 1988. Rare earth element and Nd isotopic variations in regionally extensive dolomites from the Burlington-Keokuk Formation(Mississippian); Implications for REE mobility during carbonate diagenesis[J]. Journal of Sedimentary Research, 58(3): 415-432.

Badiozamani K, 1973. The Dorag dolomitization model-application to the Middle Ordovician of Wisconsin[J]. Journal of Sedimentary Petrology, 43: 965-984.

Beales F W, 1971. Cementation by white sparry dolomite[M]//Bricker OP. Carbonate Cements. Baltimore: The Johns Hopkins Univ. Press.

Brian J, 2005. Dolomite crystal architecture: Genetic implications for the origin of the Tertiary dolostones of the Cayman Islands[J]. Journal of Sedimentary Research, 75(2): 177-189.

Bontognali T R R, Vasconcelos C, Warthmann R J,et al.,2008.Microbes produce nanobacteria-likestructures, avoiding cell entombment[J].Geology,36(8): 663-666.

Chen D Z, Qing H R, Yang C, 2004. Multistage hydrothermal dolomites in the Middle Devonian (Givetian) carbonates from the Guilin area, South China[J]. Sedimentology, 51: 1029-1051.

Davies G R, Smith Jr.L B, 2006. Structurally controlled hydrothermal dolomite reservoir facies:An overview[J]. AAPG Bulletin, 90: 1641-1690.

Deffeyes K S,Lucia F J, Weyl P K, 1965. Dolomitization of recent and Plio. Pleistocene Sediments by marine evaporate waters on Bonaire, Netherlands Antilles[C]. Pray L C and Mur-ray R C. Dolomitization and Limestone Diagenesis[C].Spec. Publ. SEPM, 13:71-88.

Denison R E, Koepnick R B, Burke W H, et al., 1994. Construction of the Mississippian, Pennsylvanian and Permian seawater $^{87}Sr/^{86}Sr$ curve[J]. Chem. Geol. 112: 145-167.

Dooley T, McClay K, 1997. Analog modeling of pull-apart basins[J]. AAPG Bulletin, 81: 1804-1826.

Dorobek S L, Filby R H, 1983. Origin of dolomites in a downslope biostrome, Jefferson Formation (Devonian), central Idaho; evidence from REE patterns, stable isotopes, and petrography[J]. Bulletin of Canadian Petroleum Geology, 36(2): 202-215.

Duggan J P, Mountjoy E W, Stasiuk L D, 2001. Fault-controlled dolomitization at Swab Hill Simonette oil field (Devonian), deep basin west-central Alberta, Canada[J]. Sedimentology, 48(2): 301-323.

Dunnington H V, 1967. Aspects of diagenesis and shape change in stylolitic limestone reservoirs[C]. Proceedings of the Seventh World Petroleum Congress (Mexico City, Mexico), New York: Elsevier: 339-352.

Ebers M L, Kopp O C, 1979. Cathodoluminescent microstratigraphy in gangue dolomite, the Mascot-Jefferson City district, Tennessee[J]. Econ Geology, 74: 908-918.

Eren M, Kaplan M Y, Kadür S, 2007. Petrography, geochemistry and origin of Lower Liassic dolomites in the Ayd karea, Mersin, southern Turkey [J]. Turkish Journal of Earth Sciences, 16: 339-362.

Feng Z Z, Zhang Y S, Jin Z K, 1998. Type, origin, and reservoir characteristics of dolostones of the Ordovician Majiagou Group, Ordos, North China Platform[J]. Sedimentary Geology, 118(1-4): 127-140.

Friedman G M, 1965. Terminology of crystallization textures and fabrics in sedimentary rocks[J]. Journal of Sedimentary Petrology, 35: 643-655.

Friedman G M, Sanders J E,1967.Origin and Occurrence of Dolostones[M]// Rocks: Origin, Occurrence, and Classification. Amsterdam: Elsevier.

Friedman G M, Radke B M, 1979. Evidence for Sabkha overprint and conditions of intermittent emergence in Cambrian-Ordovician carbonates of northeastern North America and Queensland Australia[J]. Northeastern Geology, I: 18-42.

Fouke B W, Beets C J, Meyers W J, et al. , 1996. $^{87}Sr/^{86}Sr$ chronostratigraphy and dolomitization history of the Seroe Domi Formation, Curacao (Netherlands Antilles)[J]. Facies, 35: 293-320.

Gregg J M, Sibley D F, 1984. Epigenetic dolomitization and the origin of xenotopic dolomite texture[J]. Journal of Sedimentary Petrology, 54: 908-931.

Goldberg M, Bogoch R, 1978. Dolomitization and hydrothermal mineralization in the Brur Calcarenite (Jurassic), Southern Coastal Plain, Israel[J]. Israel Journal of Earth Sciences, 27: 36-41.

Graustein W C, 1989. Stable Isotopes in Ecological Research[M]. New York: Springer.

Green D G, Mountjoy E W, 2005. Fault and conduit controlled burial dolomitization of the Devonian West-central Alberta Deep Basin[J]. Bulletin of Canadian Petroleum Geology, 53(2): 101-129.

Haas J, Demény A, 2002. Early dolomitization of Late Triassic platform carbonates in the Transdanubian Range (Hungary) [J]. Sedimentary Geology, 151(3-4): 225-242.

Hanshaw B B, Black W, Deike R G. et al., 1971. A geochemical hypothesis for dolomitiz, ation by ground water[J]. Economic

Geology, 66: 710-724.

Halley R B, Schmoker J W, 1983. High-porosity Cenozoic carbonate rocks of South Florida: Progressive loss of porosity with depth [J]. AAPG Bulletin, 67(2): 191-200.

Hsü K J, Siegenthaler C, 1969. Preliminary experiments on hydrodynamic movement induced by evaporation and their bearing on the dolomite problem (in Lithification of carbonate sediments) [J]. Sedimentology, 12(1-2): 11-25.

Hurley N F, Budros R, 1990, Albion-Scipio and stoney point fields- U. S. A. Michigan basin [J]. AAPG Treatise of Petroleum Geology, Atlas of Oil and Gas Fields: 1-37.

John K, June G, 1982. Early diagenetic dolomite cements: Examples from the Permian lower magnesian limestone of England and the Pleistocene carbonates of the Bahamas[J]. Journal of Sedimentary Petrology, 52(4): 1073-1085.

Jones G D, Whitaker F F, Smart P L, et al. , 2003. Fate of reflux brines in carbonate platforms[J]. Geology, 30(4): 371-374.

Kirkland D W, Evans R, 1981. Source-rock potential of evaporitic environment[J]. AAPG Bulletin, 65(2): 181-190.

Land L S, 1986. Limestone diagenesis; some geochemical considerations (in Studies in diagenesis) [J]. U. S. Geological Survey Bulletin: 129-137.

Last W M, 1990. Lacustrine dolomite-an overview of modem, Holocene and Pleistocene occurrences [J]. Earth Science Reviews, 27(3): 221-268.

Lucia F J, 1968. Sedimentation-reflux dolomitization cycle [J]. Geological Society of America, Special Paper: 134-135.

Lucia F J, Major R P, 1994. Porosity evolution through hypersaline reflux dolomitization[J]. Special Publication of the International Association of Sedimentologists, 21: 325-341.

Machel H G, 1987. Saddle dolomite as aby-product of chemical compaction and thermochemical sulfate reduction[J]. Geology, 15(2): 936-940.

Machel, H G, 1999. Effects of groundwater flow on mineral diagenesis, with emphasis on carbonate aquifers[J]. Hydrogeology Journal, 7: 94-107.

Machel H G, 2004. Concepts and models of dolomitization: A critical reappraisal[J]. Geological Society Special Publications, 235: 7-63.

Machel H G, Mountjoy E W, Amthor J E, et al., 1996. Mass balance and fluid flow constraints on region-scale dolomitization, Late Devonian, Western Canada sedimentary basin: Discussion and reply[J]. Bulletin of Canadian Petroleum Geology, 44(3): 566-573.

Mattes B W,Mountjoy EW,1980.Burial dolomitization of the upper devonian miette buildup, Jasper National Park, Alberta[C]// Concepts and models of dolomitization. SEPM Special Publication, 28:259-297.

Mazzullo S J, Cys J M, 1979. Marine aragonite sea-floor growths and cements in Permian phylloid algal mounds, Sacramento Mountains, New Mexico[J]. Journal of Sedimentary Petrology, 49: 917-936.

Melim L A, Scholle P A, 2002. Dolomitization of the Capitan Formation forereef facies (Permian, West Texas and New Mexico): Seepage reflux revisited[J]. Sedimentology, 49(6): 1207-1227.

Morrow D W, 2001. Distribution of porosity and permeability in platform dolomites: Insight from the Permian of west Texas: Discussion[J]. AAPG Bulletin, 85(3): 525-529.

Murray R C, 1960. Origin of porosity in carbonate rocks [J]. Journal of Sedimentary Petrology, (30): 59-84.

Müller D W,Mckenzie J A,Mueller P A,1990.Abu Dhabi sabkha, persian gulf, revisited: Application of strontium isotopes to test anearly dolomitization model[J].Geology,18(7):618-621.

Palmer M R, Edmond J M, 1989. The strontium isotope budget of the modern ocean[J]. Earth Planet. Sci. Lett. 92: 11-26.

Potma K, Weissenberger J A W, Wong P K, et al. , 2001. Toward a sequence stratigraphic framework for the Frasnian of the Western Canada Basin[J]. Bulletin of Canadian Petroleum Geology, 49(1): 37-85.

Purvis K. 1989. Zoned authigenic magnesites in the Rotliegend Lower Permian, Southern North Sea[J]. Sedimentary Geology, 65 (3-4): 307-318.

Qing H, 1998. Petrography and geochemistry of early-stage, fine-and medium-crystalline dolomites in the Middle Devonian Presqu' ile Barrier at Pine Point, Canada[J]. Sedimentology, 45(2): 433-446.

Qing H, Bosence D W J, Rose E P F, 2001. Dolomitization by penesaline sea water in Early Jurassic peritidal platform carbonates, Gibraltar, western Mediterranean[J]. Sedimentology, 48(1): 153-163.

Qing H R, Mountjoy E W, 1994. Formation of coarsely crystalline, hydrothermal dolomite reservoirs in the Presqu' ile barrier, Western Canada sedimentary basin[J]. AAPG Bulletin, 78: 55-77.

Radke B M, Mathis R L, 1980. On the formation and occurrence of saddle dolomite[J]. Journal of Sedimentary Petrology, 50(4): 1149-1168.

Rahimpour-Bonab H, Esrafili-Dizaji B, Tavakoli V, 2010. Dolomitization and anhydrite precipitation in Permo-Triassic carbonates at the South Pars gas field, offshore Iran: Controls on reservoir quality[J]. Journal of Petroleum Geology, 33(1): 43-66.

Reeder R J, 1981. Electron optical investigation of sedimentary dolomites[J]. Contributions to Mineralogy and Petrology, 76(2): 148-157.

Reeder R J, 1983. Crystal chemistry of the rhombohedral carbonates[J]. Reviews in Mineralogy and Geochemistry, 11: 1-47.

Saller A H, Henderson N, 2001. Distribution of porosity and permeability in platform dolomites[J]. AAPG Bulletin, 85(3): 530-532.

Sánchez-Román M,Rivadeneyra M A, Vasconcelos C,et al.,2007.Biomineralization of carbonate and phosphate by moderately halophilic bacteria[J]. Fems Microbiology Ecology, 61(2):273-284.

Sánchez-Román M, Vasconcelos C, Schmid T, et al., 2008. Aerobic microbial dolomite at the nanometer scale: Implicatios for the geologic record[J].Geology, 36(11): 879-882.

Shinn E A, Ginsburg R N, 1965. Recent supratidal dolomite from Andros Island, Bahamas[C]//Dolomitization and limestone diagenesis. Society of Economic Paleontologists and Mineralogists, 13: 112-123.

Shields M J, Brady P V, 1995. Mass balance and fluid flow constraints on regional-scale dolomitization, Late Devonian, Western Canada sedimentary basin[J]. Bulletin of Canadian Petroleum Geology, 43(4): 371-392.

Sibley D F, Gregg J M, 1987. Classification of dolomite rock textures[J]. Journal of Sedimentary Petrology, 57(6): 967-975.

Simms M, 1984. Dolomitization by groundwater-flow systems in carbonate platforms[J]. Transactions-Gulf Coast Association of Geological Societies, 34: 411-420.

Sun S Q, 1994. A reappraisal of dolomite abundance and occurrence in the Phanerozoic[J]. Journal of Sedimentary Petrology, 64(2): 396-404.

Surdam R C, Crossey E S, Heasler H P, 1989. Organic-inorganic interaction and sandstone diagenesis[J]. AAPG Bull, 73(1): 1-19.

Vasconcelos C, McKenzie J A.1997.Microbial mediation of modern dolomite precipitation and diagenesis under anoxic conditions (Lagoa Vermelha, Rio de Janeiro, Brazil) [J]. J. Sed. Res. , 67: 378-390.

Veizer J, Ala D, Azmy K B, et al. , 1999. $^{87}Sr/^{86}Sr$, $\delta^{13}C$ and $\delta^{18}O$ evolution of Phanerozoic seawater[J]. Chem. Geol., 161: 59-88.

Wahlman G P, 2010. Reflux dolomite crystal size variation in cyclic onner ramp reservoir facies, Bromide Formation (Ordovician) , Arkoma Basin, southeastern Oklahoma[J]. The Sedimentary Record, 8(3): 4-9.

Warren J, 1991. Sulfate dominated sea-marginal and platform evaporative settings[C]. Evaporites, Petroleum and Mineral Resources. Amsterdam-Oxford-New York: Elsevier: 477-533.

Warren J K, Kempton R H, 1997. Evaporite sedimentology and the origin of evaporite-associated Mississippi Valley-type sulfides in the Cadjebut Mine Area, Lennard Shelf, Canning Basin, Western Australia[C]//Basinwide Diagenetic Patterns: Integrated Petrologic, Geochemical, and Hydrologic Considerations. Spec. Publ-SEPM, 57: 183-205.

Wendte J, Qing H, Dravis J J, et al., 1998. High-temperature saline (ther moflux) dolomitization of Devonian Swan Hills platform and bank carbonates, wild riverarea, west-central Alberta[J]. Bulletin of Canadian Petroleum Geology, 46: 210-265.

Whitaker F F, Smart P L, 1993. Circulation of saline ground water in carbonate platforms: A review and case study from the Bahamas[C]//Diagenesis and Basin Development. AAPG Studies in Geology, 36: 113-132.

Whitaker F F, Smart P L, Jones G D. 2004. Dolomitization: From conceptual to numerical models[C]//The Geometry and Petrogenesis of Dolomite Hydrocarbon Reservoirs. Geological Society Special Publication 235: 99-139.

White D E, 1957. Thermal waters of volcanic origin[J]. Geological Society of America Bulletin, 68(12): 1637-1658.

Yoo C M, Gregg J M, Shelton K L, 2000. Dolomitization and dolomite neomorphism: Trenton and Black River limestones (Middle Ordovician) Northern Indiana, U. S. A. [J]. Journal of Sedimentary Research, 70(1): 265-274.

Zenger D H, Dunham J B, Ethington R L, et al., 1980. Concepts and models of dolomitization[J]. SEPM Special Publication, 28:259-297.